河北省农业野生植物资源
调查及保护报告

河北省农业环境保护监测总站
河北农业大学　组织编写

吴鸿斌　刘莉　王艳辉　主编

U0306784

中国农业科学技术出版社

图书在版编目（CIP）数据

河北省农业野生植物资源调查及保护报告 / 吴鸿斌，刘莉，王艳辉主编 . —北京：中国农业科学技术出版社，2019.6

ISBN 978-7-5116-4226-4

I.① 河… Ⅱ.① 吴… ② 刘… ③ 王… Ⅲ.① 野生植物—植物资源—资源调查—调查报告—河北 ② 野生植物—植物资源—资源保护—研究报告—河北 Ⅳ.① Q948.522.2

中国版本图书馆 CIP 数据核字（2019）第 103630 号

| 责任编辑 | 崔改泵 |
| 责任校对 | 李向荣 |

出 版 者	中国农业科学技术出版社
	北京市中关村南大街 12 号　邮编：100081
电　　话	（010）82109194（编辑室）（010）82109702（发行部）
	（010）82109709（读者服务部）
传　　真	（010）82106650
网　　址	http: // www.castp.cn
经 销 者	各地新华书店
印 刷 者	北京地大天成印务有限公司
开　　本	889mm×1 194mm　1/16
印　　张	14
字　　数	356 千字
版　　次	2019 年 6 月第 1 版　2019 年 6 月第 1 次印刷
定　　价	160.00 元

编委会

《河北省农业野生植物资源调查及保护报告》

主　任　张保强

副主任　张秋生

主　编　吴鸿斌　刘　莉　王艳辉

副主编　韩景豹　尹宝颖

编　委　（按姓氏笔画排序）

于荣艳	马世龙	王　东	王　前	王丽丽	王译萱
王建文	王海飞	王俊仙	王家卓	巴永梅	石占飞
史国锋	仝少杰	边艳辉	曲凌燕	朱哲江	朱银香
刘　峰	刘　鑫	刘建军	刘秋华	刘海云	刘雅祯
齐铁全	李　梅	李凤荣	李冬梅	李虎群	李明慧
李金坤	李春宁	李春贞	李珊珊	李祥龙	李静伟
李霄峰	杨胜堂	杨艳华	杨静然	肖占国	应　飞
汪　庚	张　涵	张　琳	张　惠	张凤山	张丽英
张利霞	张秀莲	张国明	张益德	陈　健	陈　浩
陈学湛	陈随菊	苑　鹤	林志慧	周彦忠	庞任皎
郎小兰	孟素艳	赵　帅	赵　洁	郝代代	胡恩福
段艳玲	侯兴军	贺俊灵	高云凤	唐富忠	黄玉宾
常建永	康　青	蒋俊杰	韩　丁	韩少卿	韩风晓
韩志华	焦和平	满荣辉	窦鹏飞	蔡红莲	裴有斌
霍保安	戴素雅	魏　健			

前　言

农业野生植物是人类赖以生存和发展的重要物质基础，不仅直接或间接地为人类提供食物原料、营养物质和药物，而且能够防止水土流失、调节区域气候。尤为重要的是，农业野生植物等生物遗传资源是遗传育种和生物技术研究的重要物质基础，是生物多样性的重要组成部分，是国家可持续发展的战略资源。河北省地形地貌多样，类型齐全，孕育了丰富的农业野生植物资源，《河北植物志》中记载河北省植物种及变种 3 000 多个，其中列入国家和省级保护名录具有保护利用价值的物种分别为 68 种和 192 种。然而，由于人口不断增加、环境条件恶化和人类活动的大规模开发，造成农业野生植物破坏严重，一些重要农业野生植物的野生群落已经消失和急剧减少。

为了掌握近年来河北省重要农业野生植物的基本状况，提出有针对性遏制农业野生植物资源破坏趋势的对策建议，在农业部农业野生植物资源保护项目的大力支持下，2012—2016 年，河北省省、市、县三级农业环保技术人员及河北农业大学等院校的专家对省内列入《中国国家重点保护野生植物名录（第一批、第二批讨论稿）》《河北省重点保护野生植物名录》的重要野生植物资源的分布、数量、生境状况、生存现状、濒危程度等情况进行了调查分析。5 年来，共野外实地调查 300 余天，重点保护植物 GPS 定位点近 2 000 个，涉及河北省农业野生植物资源较为丰富、生态类型较具代表性 49 个县（市、区）。

本书是在 5 年多调查的基础上，重点对能够反映国家级、省级重点保护植物濒危程度、分布变化的资料进行了分析研究。全书分为上下两篇。上篇为河北省重点保护野生植物资源调查情况，介绍了河北省概况、农业野生植物资源调查概况、农业野生植物保护面临的问题、不同生态区域野生植物的保护措施；下篇主要介绍了调查中发现的 47 科、93 种的国家级、省级重点保护植物的形态特征、分布区变化、受威胁状况及研究现状，并对上述植物在《河北植物志》（1978 年版）中及 2012—2016 年植物调查中的分布情况分别绘制了分布图，较直观地反映了近 40 年来这些物种的变化情况。希望此书能为政府管理部门制定农业野生植物资源保护相关政策，深入开展农业野生植物资源保护提供依据；为科研院所、大专院校开展抢救性研究、保护性开发提供资料，也为全社会提高农业野生植物资源保护意识，形成良好的社会氛围，起到一定的促进作用。

本书得到了有关单位的大力支持，凝聚了所有参与野生植物资源调查、编撰出版书籍的专家、学生和农业环保系统工作人员的心血，编者在此表示衷心感谢！特别是对保定学院管延英教授（负责 2012—2013 年调查）、河北农业大学生命科学学院王艳辉教授（负责 2014—2015 年调查）、河北农业大学园林学院彭伟秀教授（负责 2016 年调查）及对本书编写提出很好建议的中国农业科学院农业资源与农业区划研究所陈宝瑞博士和河北旅游职业学院生物工程系李世教授，再次表示最诚挚的感谢！

由于编者业务水平和编写水平有限，开展调查的时间、地点在全面性和代表性上还有一定不足，且受手头资料的限制，本书难免有疏漏和不当之处，有些物种的内容尚不完善，敬请读者批评指正。

编　者

2019 年 1 月

目录
CONTENTS

上 篇 河北省农业野生植物资源调查情况

一、河北省概况

河北省简称"冀","冀"为"希望"之意。河北在战国时期大部分属于赵国和燕国,所以河北又被称为燕赵之地,习惯上,"燕赵"也是河北省的别称。河北地处华北,漳河以北,东临渤海、内环京津,西为太行山地,北为燕山山地,燕山以北为张北高原,其余为河北平原,面积为 18.88 万 km²。截至 2018 年,河北省辖石家庄、唐山、邯郸、保定、沧州、邢台、廊坊、承德、张家口、衡水、秦皇岛等 11 个地级市,定州、辛集 2 个省直管市及雄安新区(47 个市辖区、21 个县级市、94 个县、6 个自治县),人口 7 556.30 万人。

(一)区位条件

1. 地理区位

河北省地处东经 113°27′～119°50′、北纬 36°05′～42°40′。总面积 18.88 万 km²。环抱首都北京,东与天津市毗连并紧傍渤海,东南部、南部衔山东、河南两省,西倚太行山与山西省为邻,西北部、北部与内蒙古自治区交界,东北部与辽宁省接壤。

2. 交通区位

河北省位于北京连接全国的枢纽地带,是拱卫首都的京畿之地和北京联系全国各地的必经之所,也是华东、华南和西南等区域连接东北、西北、华北地区的枢纽地带,交通便捷、道路通达。铁路方面京广、京沪、京九、京哈、京包、石德、石太、京承、京秦等线纵横境内,更有京沪高铁、石太客专、京广高铁建成通车,铁路总里程排名全国第二,形成了发达的客、货运输铁路交通网络;公路方面京沈、京深、京沪、石太、保津、宣大等高速公路与国道、省道等各级道路交织成网、四通八达,总里程突破 5 000km,位居全国第三;航空方面,秦皇岛山海关机场航班日趋稳定,石家庄机场、邯郸机场改扩建完成,唐山机场、张家口机场及承德机场已经建成通航,北戴河机场开工建设,邢台机场建设已提上日程,空中交通逐步完善,全省民航旅客年吞吐量近 650 万人次;港口建设方面,唐山、黄骅、秦皇岛三大港口均为国际通航的重要港口。河北省已构建起海、陆、空立体交通网络。

3. 经济区位

河北省内环京津,东滨渤海,是京津冀都市圈的重要组成部分,与京津两市共同构成环渤海核心区域,经济区位条件十分优越。近年来,北京国际交往中心和大都市的地位不断提升,天津正在崛起为中国北方经济中心,京津冀地区成为继珠三角、长三角之后中国新的经济增长极。随着经济的发展,京津冀区域合作步伐不断加快,京津冀协同发展已经纳入国家发展战略,三省市相互融合、互为支撑、共同发展的格局逐步形成。伴随京津地区、辽中南城市群、山东半岛城市群强劲经济实力的带动作用，必将促进区域社会经济全面发展和城际间的交流沟通，加之《京津冀协同发展规划纲要》中将河北省定位为"京津冀生态环境支撑区"，河北省将在生态环境保护方面，推动能源生产和消费革命，促进绿色循环低碳发展，加强生态环境保护和治理，扩大生态空间。

（二）自然环境

1. 地质地貌

河北省位于华北平原北部及内蒙古高原东南部，土地总面积 187 693km²，是全国唯一兼有坝上高原、山地丘陵、盆地平原、湖泊海洋的省份。河北省所处大地构造位置属内蒙古地槽南缘，中朝准地台北部，中纬度沿海与内陆接交地带，地势西北高、东南低，从西北向东南呈半环状逐级下降。全省大陆海岸线长 487km，海岸带总面积 11 380km²，其中浅海面积 6 456km²，海岛面积 8.4km²，具有发展海洋石油、海洋化工、海洋运输、海洋旅游等产业的天然条件；地貌类型多样，地势西北高、东南低，坝上高原、燕山和太行山地、河北平原从西北向东南依次排列；高原、山地、丘陵、盆地、平原类型齐全，从西北向东南依次为坝上高原、燕山和太行山地、河北平原三大地貌单元。

河北省土壤类型多样，共有 8 个土纲、20 个土类、55 个亚类、357 个土种；已发现矿产有 151 种，已探明储量的矿产 120 种；渤海沿岸地区已探明石油地质储量近 51.2 亿 t，天然气 343 亿 m³，海域探明石油地质储量约 2 亿 t。

根据 2015 年度土地变更调查数据，河北省实有耕地面积 652.5 万 hm²，其中划定基本农田保护面积 554.4 万 hm²，占耕地面积的 84.5%。全省人均耕地不足 0.1hm²，低于全国平均水平。全省耕地质量总体偏低，其中高等别耕地面积 119.35 万 hm²，占 18.29%；中等别耕地面积 345.5 万 hm²，占 52.94%；低等别耕地面积 187.7 万 hm²，占 28.77%。全省耕地分布地域差异明显，燕山、太行山山前平原区、海河冲积平原区，地势平坦、水热充足、土壤肥沃，耕地质量最高；燕山、太行山山地丘陵和滨海平原区，光热、水资源禀赋各异，耕地质量差异较大；冀西北山间盆地区、坝上高原区降水少，土壤较贫瘠，产量低而不稳，其中坝上高原区是全省耕地最脆弱的农业生态区，土壤退化问题突出。2015 年年底，全省耕地有效灌溉面积 444.7 万 hm²，已建成的高标准农田 161 万 hm²。

2. 气候水文

河北省东临渤海，处于东北、西北、华东和中南四大经济区域的结合部。年日照时数 2 301～3 063h；年无霜期 60～204 天；年均降水量为 300～750mm，降水变率大，区域分布不均；1 月平均气温在 3℃以下，7 月平均气温 18～27℃，四季分明，属温带大陆性季风气候。河北省境内河流众多，长度在 18km 以上 1 000km 以下者就达 300 多条。主要河流从南到北依次有漳卫南运河、子牙河、大清河、永定河、潮白河、蓟运河、滦河等，分属海河、滦河、内陆河、辽河 4 个水系。其中海河水系最大，滦河水系次之。河流大都发源或流经燕山、冀北山地和太行山山区，其下游有的合流入海，有的单独入海，还有因地形流入湖泊不外流者。大部分河流为季节性河流，多年平均水资源总量为 203 亿 m³，人均水资源量为 307m³，属资源型严重缺水省份。

3. 生物资源

河北省植被具有温带植物区系特点，原生植被高原区为草原，山区为落叶阔叶林，平原地区为疏林草甸。全省陆域共有植物3 000余种，脊椎动物530余种，是我国生物多样性较丰富的地区之一，有不少种类为我国珍贵稀有物种；海域共有海洋生物650种，占全国海洋物种的3.2%。

河北省的动物资源比较丰富。现知陆栖（包括两栖）脊椎动物530余种，约占全国同类动物种类的29.0%。其中兽类80余种，约占全国的20.3%；鸟类420余种，约占全国的36.1%；爬行类、两栖类分别有19种和10种。全省拥有国家和省重点保护动物137种。在野生动物资源中，有不少全国珍贵、稀有种类，如鸟类中褐马鸡是河北特有，世界珍禽，为国家一类保护动物，其他珍稀动物还有白冠长尾雉、天鹅、猕猴、金钱豹、青羊、黄羊、白鼬等。省内现有家畜家禽约100多个品种，其中张北马、阳原驴、草原红牛、武安羊、冀南牛、深州猪等均为驰名省内外的优良品种。

河北省东临渤海，有广阔的海面和海岸滩涂，水产资源丰富，可供养殖的海水面积有6.2万hm²，仅次于福建、山东，居全国第3位。全省有不少湖泊洼淀，面积4 156km²，占地表总面积的2%，淡水面积8.0万hm²。淡水盛产草鱼、鲢鱼、鳙鱼、鲤鱼、鲫鱼、鲂鱼、黑鱼、鳝鱼、虾、蟹等。坝上的细鳞鱼，沽源的鲫鱼，秦皇岛的香鱼、文昌鱼，白洋淀的鳜鱼、桂鱼，都很有名。沿海鱼类主要有：带鱼、黄花鱼、梭鱼、比目鱼、偏口鱼、鲆鱼、鲳鱼、面条鱼、墨鱼等110多种。有虾类20多种，其中琵琶虾产量最大，对虾驰名国内外。蟹类有10多种，也很有名。

河北省地处暖温带与湿地的交接区，植被结构复杂，种类繁多，是中国植被资源比较丰富的省区之一。据初步统计有204科、940属、3 000多种。其中蕨类植物21科，占全国的40.4%；裸子植物7科，占全国的70%；被子植物144科，占全国的49.5%。其中国家重点保护植物有野大豆、水曲柳、黄檗、紫椴、珊瑚菜等。栽培作物主要有：小麦、玉米、谷子、水稻、高粱、豆类等粮食作物，棉花、油料、麻类及花椒等经济作物。木本植物500多种，包括用材树100多种，驰名中外的树种有青杨、香椿、栓皮栎等；经济价值较高的树种有云杉、油松、柏树、华北落叶松、榆、椴、槐、杨、青檀、白楸及桦木等；特种经济树种漆树、杜仲、泡桐、黄连木等也有分布。全省的果树有百余种，干果主要有板栗、核桃、柿干及红枣等，板栗产量占全国总产量的1/4，居全国第一；鲜果主要有梨、苹果、红果、桃、葡萄、杏及石榴等，梨的产量居全国第一，野果猕猴桃、酸枣、榛子、山杏、山葡萄等也有产量。河北省果品拥有许多著名产品，如赵县雪花梨，深州蜜桃，宣化葡萄，昌黎苹果，沧州金丝小枣，阜平、赞皇大枣，迁西板栗，卢龙露仁核桃等畅销国内外。灌木的种类很多，分布较广，有些野果及药材也属灌木，草本植物的种类也很多，仅坝上地区即有300多种，包括不少优良牧草，如禾本科的羊草、无芒麦草、冰草，豆科的紫花苜蓿、山野豌豆等。药用植物已被利用的有800多种，主要有葛藤、甘草、麻黄、大黄、党参、枸杞、枣仁、柴胡、防风、知母、白芷、远志、桔梗、薄荷及黄芩等。其中一些药材常年大量出口。另外，河北省的菌类资源较为丰富，除在山区、林地和草原自然生长的香菇、木耳、银耳、猴头、灵芝、松口蘑、红菇、牛肝菌、草菇、口蘑等野生菌以外，平菇、鸡腿菇、金针菇、姬菇、木耳、香菇、杏鲍菇等栽培技术成熟，种植广泛。

（三）生态保护

1. 渔业资源养护方面

"十二五"期间累计投入资金1.78亿元，在全省海域及内陆大中型湖泊、水库增殖放流中国对虾、三疣梭子蟹、鲢、鳙等各类海淡水苗种276亿尾（只）。建设国家级水产种质资源保护区

17 个、海洋牧场示范区 0.53 万 hm²、投放人工渔礁 120 万空方。水生生物多样性逐步恢复，渔业水域生态环境不断改善，渔业资源得到有效养护和修复。

2. 草原生态保护方面

河北省政府出台了《关于促进半牧区又好又快发展的实施意见》，"十二五"期间落实财政资金 10.98 亿元，在丰宁、围场、张北、康保、沽源、尚义 6 个半牧区县（含管理区、牧场）实施草原禁牧 104.78 万 hm²，人工草场良种补贴 4.8 万 hm²，农牧民生产资料补贴 34.63 万户，草原生态环境恶化的趋势得到基本遏制。

3. 湿地保护方面

河北省建立湿地类型自然保护区 11 处，面积 20.28 万 hm²，其中国家级 3 处、省级 8 处；建立湿地公园 50 处，面积 7.47 万 hm²，其中国家湿地公园 17 处（含试点），省级湿地公园 33 处。纳入保护体系的湿地面积达 38.64 万 hm²，湿地保护率为 41.02%。每年安排 3.29 亿元基金开展重要湿地及林业国家级自然保护区管理和进行生态效益补偿。

4. 野生动植物保护方面

河北省建立野生动植物自然保护区 34 处、62.33 万 hm²，占全省面积的 3.3%。85% 的国家重点保护野生动植物物种通过自然保护区得到有效保护。组织开展了陆生野生动物资源和重点保护野生植物资源调查，更新、充实野生动植物资源基础信息。建立国家级农业野生植物保护点 15 个，保护面积 549hm²，建立了国家原生境内首个农业野生植物资源调查地理信息系统。利用世界野生动植物日、爱鸟周、保护野生动物宣传月、禁猎区和禁猎期，开展形式多样、内容多彩的保护野生动物宣传活动。

5. 防沙治沙方面

全省完成防沙治沙工程 70.78 万 hm²。其中京津风沙源治理工程完成 53.1 万 hm²，三北防护林工程完成 16.59 万 hm²，全国防沙治沙综合示范区建设项目完成 0.32 万 hm²，黄河故道沙化土地综合治理项目完成 0.77 万 hm²，其他工程完成 2.15 万 hm²。完成张家口市坝上地区退化林分更新改造作业 1.67 万 hm²，其中采伐更新 0.67 万 hm²、择伐更新 1 万 hm²。全省土地沙化、荒漠化面积分别减少了 2.19 万 hm² 和 11.57 万 hm²。

二、农业野生植物资源调查概况

（一）调查概况

为掌握河北省的农业野生植物资源状况，为合理开发利用野生植物种质资源，促进农业可持续发展，2012—2016 年，原河北省农业环境保护监测站技术人员及河北农业大学等院校的专家组成野生植物调查组，在各市县农业环保站的大力支持及积极配合下，对河北省内列入《中国国家重点保护野生植物名录》（第一批、第二批讨论稿）、《河北省重点保护野生植物名录》（第一批）的野生植物资源、野生果树资源、部分药用植物资源的种类、分布、数量、生境状况、生存现状、濒危程度等情况进行了调查。河北省共有 11 个地级市、2 个直管市及雄安新区共 168 个县市区，其中廊坊市及所辖县区，因农业开发程度较高，野生植物资源相对稀少，定州、辛集野生植物代表性不高未列入调查范围（图1）；对其余10个市及雄安新区所辖49个县市区（图2）进行调查时，每县区选择植物资源较为丰富、生态类型较具代表性的3～5个地区进行实地踏查。5年中，野外实地调查近300天，对重点保护植物的GPS定位点近2 000个，较好地完成了对河北省内国家级、省级保护植物及部分其他植物资源现状的调查。调查的地区如下：

石家庄市3县：平山、灵寿、赞皇。

保定市8县区：阜平、易县、涞水、涞源、唐县、曲阳、顺平、满城。

张家口市13县区：赤城、张北、沽源、蔚县、涿鹿、康保、崇礼、尚义、阳原、怀安、怀来、宣化、万全。

承德市8县：承德、丰宁、围场、宽城、隆化、兴隆、平泉、滦平。

秦皇岛市4县区：抚宁、昌黎、青龙、北戴河。

邯郸市3县：武安、涉县、磁县。

唐山市6县区：乐亭、唐海、迁西、迁安、曹妃甸、遵化。

沧州市1县：黄骅。

邢台市1县：邢台。

衡水市1县区：冀州。

雄安新区1县：安新。

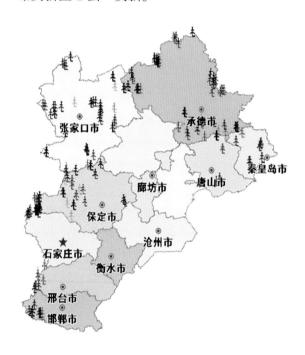

图1 河北省2012—2016年野生植物分布情况

图2 2012—2016年植物调查区域

（二）农业野生植物资源分布特点

河北省重点保护植物种类在各县中分布差别较大，其中围场、平山、丰宁等县区中保护植物分布较多，为15～20种；其他市县则在1～14种。部分县区植物资源情况见表1。

表1 河北省部分县区野生植物资源调查情况

县 区	省属重点保护植物	一般性植物资源
围场县	草麻黄、甘草、大花杓兰、黄芪、白扦、长柄车前、二色补血草、黑柴胡、胡桃楸、虎榛子、华北蓝盆花、黄芩、金莲花、秦艽、渥丹（有斑百合）、绣线菊、胭脂花、野罂粟、芍药、油松	稠李、华北覆盆子、蒙古栎、秋子梨、沙棘、山荆子、石生悬钩子、小叶鼠李等
平山县	北重楼、软枣猕猴桃、狗枣猕猴桃、穿龙薯蓣、胡桃、刺五加、苍术、胡桃楸、油松、鸡腿堇菜、漆树、黄精、党参、升麻、连翘、卷柏	山楂叶悬钩子、山葡萄、平榛等
丰宁县	穿龙薯蓣、五味子、刺五加、沼兰、甘草、膜荚黄芪、手参、大花杓兰、口外糙苏、秦艽、金莲花、野罂粟、二色补血草、芍药、油松	华北覆盆子、秋子梨、沙棘、山荆子、石生悬钩子等
阳原县	北重楼、穿龙薯蓣、刺五加、二叶兜被兰、沼兰、蚂蚱腿子、虎榛子、华北蓝盆花、口外糙苏、美蔷薇、秦艽、升麻、雾灵柴胡、油松	水枸子、灰枸子、山楂、花楸树、华北覆盆子、石生悬钩子等
尚义县	草麻黄、穿龙薯蓣、甘草、木贼麻黄、苍术、二色补血草、虎榛子、华北蓝盆花、蒙椴、小五台蚤缀、油松、知母	虎榛子、秋子梨、沙棘、山桃、鼠李、西北枸子、小叶鼠李等
承德县	穿龙薯蓣、刺五加、黄檗、水曲柳、五味子、党参、胡桃楸、口外糙苏、蒙椴、无梗五加、雾灵香花芥、野罂粟、油松	榛、山荆子、小叶鼠李、牛叠肚、稠李、毛榛、山葡萄、蒙古栎、山楂、鼠李等
兴隆县	软枣猕猴桃、狗枣猕猴桃、胡桃、穿龙薯蓣、天麻、紫椴、刺五加、山绿豆、胡桃楸、无梗五加、香杨、射干、油松	榛、桑叶葡萄、鼠李、杏、山桑、蒙古栎、榆叶梅、山楂叶悬钩子、秋子梨、毛榛等
阜平县	软枣猕猴桃、胡桃楸、岩生报春、蚂蚱腿子、美蔷薇、卷丹	甘肃山楂、山杏、酸枣、牛叠肚、桃、葎叶蛇葡萄、蒙古栎、李、榛、水枸子等
唐县	穿龙薯蓣、知母、胡桃楸、野核桃、蒙椴、油松	桃、桑、君迁子、酸枣、山杏、山桃、山葡萄、蒙古栎、毛榛、蒙椴等
宽城县	穿龙薯蓣、黄芩、无梗五加、油松、蒙椴	酸枣、牛叠肚、葎叶蛇葡萄、山荆子、桃、蒙古栎、山桃等
隆化县	穿龙薯蓣、刺五加、黄檗、五味子、黄芩、蒙椴、秦艽、雾灵香花芥、香杨、野罂粟	鼠李、毛榛、榛等
平泉县	香杨、沼兰、黑柴胡、金莲花、华北蓝盆花、党参、秦艽	蒙古栎、石生悬钩子、榛等
怀来县	穿龙薯蓣、胡桃楸、华北蓝盆花、黄精、秦艽、野核桃、油松	美丽茶藨子、蒙古栎、牛叠肚、山桃、山楂、水枸子、桃、小叶鼠李等
康保县	草麻黄、华北蓝盆花、黑柴胡、黄芩、蒙古莸、小五台蚤缀	小叶鼠李、美丽茶藨子、山桃、西北枸子等
怀安县	穿龙薯蓣、华北蓝盆花、美蔷薇、黑柴胡	灰枸子、牛叠肚、秋子梨、沙棘、小叶鼠李等
崇礼县	华北蓝盆花、黑柴胡、银莲花、金莲花、冀北翠雀花、胭脂花	华北覆盆子等
顺平县	穿龙薯蓣	小叶鼠李、桃、乌头叶蛇葡萄、葎叶蛇葡萄、桑、酸枣、山杏

河北省农业野生植物资源调查及保护报告

县 区	省属重点保护植物	一般性植物资源
满城县	知母、珊瑚苣苔、半夏	乌头叶蛇葡萄、酸枣、小叶鼠李、桑叶葡萄、君迁子等
曲阳县	未发现	酸枣、乌头叶蛇葡萄等

（三）农业野生植物资源受威胁状况

1. 野生植物资源受威胁状况的评估标准

参考《IUCN 濒危物种红色名录等级定义及量化指标》中植物受威胁状况评价量化标准，以 $20km^2$ 内植物分布区数量及成熟个体数量为主要指标，按照标准 1、2 综合评估植物受威胁状况，按照危险由大至小分为：极危、濒危、易危、近危、无危等级别（表2）。

表2　调查中植物受威胁状况评估标准

序号	受威胁状况	评估标准1	评估标准2
1	极危	植物成熟个体数量＜50	无论数量多少，只有1个分布点
2	濒危	植物成熟个体数量50～250	2≤分布点≤5，野生状态下灭绝的概率高
3	易危	植物成熟个体数量250～1 000	2≤分布点≤5，野生状态下有一定灭绝的可能
4	近危	植物成熟个体数量＞1 000	分布点＞5，因受人为活动影响，数量急剧下降

2. 国家重点保护植物调查结果及受威胁状况

本书将《中国国家重点保护野生植物名录》（第一批、第二批讨论稿）中植物作为国家级保护植物进行记录。经整理《中国植物志》、《河北植物志》、2012 年前河北农业大学标本室记录以及专家多年实地调查记录等资料，发现《中国国家重点保护野生植物名录》（第一批、第二批讨论稿）中的 27 科 68 种植物曾在河北省内野生自然环境中有分布。2012—2016 年调查中发现，属于国家野生植物保护植物名录的有34种，其中银杏、水杉、鹅掌楸、关木通等4种植物为人工栽种，属于野生的保护植物为 30 种（表3）。2012—2016 年调查中，因调查时间集中在 7—9 月，有些植物在此期间特征已不明显，因而未能发现并记录。

此次调查发现的 30 种国家级保护植物中：①东北茶藨子、玫瑰、河北梨、膜荚黄芪、黄檗、紫椴、珊瑚菜、大花杓兰、角盘兰、手参、天麻、羊耳蒜、沼兰、北方鸟巢兰、二叶兜被兰、二叶舌唇兰、绶草等17种植物处于极危状态，数量极少，如天麻仅发现1株。②木贼麻黄、五味子、甘草、狗枣猕猴桃、葛枣猕猴桃、刺五加、北重楼等7种植物处于濒危状态，这些植物有些成熟植株总数量为 50～250 株；有些是分布点集中在 2～3 个县内，分布点较少。③草麻黄、胡桃、软枣猕猴桃、穿龙薯蓣4种植物为易危状态，其成熟植株总数量为 250～1 000 株，群落内植株较多。④莲、野大豆 2 种植物为近危状态，植物在多个县区均有分布，且植物数量丰富，多成片存在，如野大豆单一群落的最大面积可达 $45m^2$，一个群落中即有几十株野大豆植株。

表3　国家级保护植物在河北省调查结果

科别序号	科名	物种序号	中文	学名	物种序号	保护级别	建议受威胁评估等级
					2012年前历史资料中有记录的保护植物 →	2012—2016年发现的保护植物 →	
1	麻黄科	1	木贼麻黄	*Ephedra equisetina* Bge.	1	Ⅱ	2濒危
		2	中麻黄	*Ephedra intermedia* Schrenk ex Mey.	—	Ⅱ	—
		3	草麻黄	*Ephedra sinica* Stapf	2	Ⅱ	3易危
2	银杏科	4	银杏（栽培）	*Ginkgo biloba* L.	—	Ⅰ	—
3	杉科	5	水杉（栽培）	*Metasequoia glyptostroboides* Hu et Cheng	—	Ⅱ	—
4	杨柳科	6	钻天柳	*Chosenia arbutifolia* (Pall.) A. Skv.	—	Ⅱ	—
5	胡桃科	7	胡桃	*Juglans regia* L.	3	Ⅱ	3易危
6	马兜铃科	8	关木通	*Aristolochia manshuriensis* Kom.	—	Ⅱ	—
7	藜科	9	华北驼绒藜	*Ceratoides arborescens* (Losinsk.) Tsien et C. G. Ma	—	Ⅱ	—
8	睡莲科	10	莲	*Nelumbo nucifera* Gaertn.	4	Ⅱ	4近危
		11	萍蓬草	*Nuphar pumila* (Hoffm.) DC.	—	Ⅱ	—
9	木兰科	12	五味子	*Schisandra chinensis* (Turcz.) Baill.	5	Ⅱ	2濒危
		13	鹅掌楸（栽培）	*Liriodendron chinense* (Hemsl.) Sargent.	—	Ⅱ	—
10	景天科	14	小丛红景天	*Rhodiola dumulosa* (Franch.) S. H. Fu	—	Ⅱ	—
		15	狭叶红景天	*Rhodiola kirilowii* (Regel) Maxim.	—	Ⅱ	—
		16	红景天	*Rhodiola rosea* L.	—	Ⅱ	—
11	虎耳草科	17	东北茶藨子	*Ribes mandshuricum* (Maxim.) Kom.	6	Ⅱ	1极危
12	蔷薇科	18	玫瑰	*Rosa rugosa* Thunb.	7	Ⅱ	1极危
		19	河北梨	*Pyrus hopeiensis* Yu	8	Ⅱ	1极危
13	豆科	20	膜荚黄芪	*Astragalus membranaceus* (Fisch.) Bunge	9	Ⅱ	1极危
		21	野大豆	*Glycine soja* Sieb. et Zucc.	10	Ⅱ	4近危
		22	甘草	*Glycyrrhiza uralensis* Fisch.	11	Ⅱ	2濒危
		23	胀果甘草	*Glycyrrhiza inflate* Batal.	—	Ⅱ	—
		24	洋甘草	*Glycyrrhiza glabra* L.	—	Ⅱ	—
14	芸香科	25	黄檗	*Phellodendron amurense* Rupr.	12	Ⅱ	1极危
15	椴树科	26	紫椴	*Tilia amurensis* Rupr.	13	Ⅱ	1极危
16	猕猴桃科	27	软枣猕猴桃	*Actinidia arguta* (Sieb. et Zucc) Planch. ex Miq	14	Ⅱ	3易危
		28	狗枣猕猴桃	*Actinidia kolomikta* (Maxim. et Rupr.) Maxim.	15	Ⅱ	2濒危
		29	葛枣猕猴桃	*Actinidia polygama* (Sieb. et Zucc.) Maxim.	16	Ⅱ	2濒危
17	菱科	30	野菱	*Trapa incise* Sieb. et Zucc.	—	Ⅱ	—

科别序号	科名	物种序号	中文	学名	物种序号	保护级别	建议受威胁评估等级
				2012年前历史资料中有记录的保护植物		**2012—2016年发现的保护植物**	
18	五加科	31	人参	*Panax ginseng* C. A. Mey.	—	I	
		32	刺五加	*Acanthopanax senticosus* (Rupr. Maxim.) Harms	17	II	2濒危
19	伞形科	33	珊瑚菜	*Glehnia littoralis* Fr. Schmidt ex Miq.	18	II	1极危
20	木犀科	34	水曲柳	*Fraxinus mandschurica* Rupr.	—	II	—
21	列当科	35	草苁蓉	*Boschniakia rossica* (Cham. et Schlecht.) Fedtsch.	—	II	—
22	菊科	36	太行菊	*Opisthopappus taihangensis* (Ling) Shih		II	
23	禾本科	37	中华结缕草	*Zoysia sinica* Hance		II	
24	百合科	38	北重楼	*Paris verticillata* M. Bieb.	19	II	2濒危
		39	四叶重楼	*Paris quadrifolia* L.	—	II	—
25	薯蓣科	40	穿龙薯蓣	*Dioscorea nipponica* Makino	20	II	3易危
26	鸢尾科	41	白花马蔺	*Iris lacteal* Pall.	—	II	—
27	兰科	42	无柱兰	*Amitostigma gracile* (Bl.) Schltr.	—	II	—
		43	珊瑚兰	*Corallorhiza trifida* Chat.	—	II	—
		44	凹舌兰	*Coeloglossum viride* (L.) Hartm.	—	II	—
		45	大花杓兰	*Cypripedium macranthum* Sw.	21	I	1极危
		46	紫点杓兰	*Cypripedium guttatum* Sw.	—	I	—
		47	山西杓兰	*Cypripedium shanxiense* S. C. Chen	—	I	—
		48	杓兰	*Cypripedium calceolus* L.	—	I	—
		49	小花火烧兰	*Epipactis helleborine* (L.) Crantz	—	II	—
		50	北火烧兰	*Epipactis xanthophaea* Schltr.	—	II	—
		51	十字兰	*Habenaria schindleri* Schltr.	—	II	—
		52	角盘兰	*Herminium monorchis* (L.) R. Br.	22	II	1极危
		53	裂瓣角盘兰	*Herminium alaschanicum* Maxim.	—	II	—
		54	小斑叶兰	*Goodyera repens* (L.) R. Br.	—	II	—
		55	手参	*Gymnadenia conopsea* (L.) R. Br.	23	II	1极危
		56	天麻	*Gastrodia elata* Bl.	24	II	1极危
		57	对叶兰	*Listera puberula* Maxim.	—	II	—
		58	羊耳蒜	*Liparis japonica* (Miq.) Maxim.	25	II	1极危
		59	沼兰	*Malaxis monophyllos* (L.) Sw.	26	II	1极危
		60	北方鸟巢兰	*Neottia camtschatea* (L.) Rchb. f.	27	II	1极危
		61	尖唇鸟巢兰	*Neottia acuminate* Schltr.	—	II	—
		62	二叶兜被兰	*Neottianthe cucullata* (L.) Schltr	28	II	1极危
		63	河北红门兰	*Orchis tschiliensis* (Schltr.) Soo	—	II	—

河北省农业野生植物资源调查及保护报告

2012年前历史资料中有记录的保护植物					2012—2016年发现的保护植物		
科别序号	科名	物种序号	中文	学名	物种序号	保护级别	建议受威胁评估等级
27	兰科	64	北方红门兰	*Orchis roborovskii* Maxim.	—	Ⅱ	
		65	二叶舌唇兰	*Platanthera chlorantha* Cust. ex Rchb.	29	Ⅱ	1极危
		66	绶草	*Spiranthes sinensis* (Pers.) Ames	30	Ⅱ	1极危
		67	蜻蜓兰	*Tulotis fuscescens* (L.) Czer. Addit. et Collig.	—	Ⅱ	
		68	小花蜻蜓兰	*Tulotis ussuriensis* (Reg. et Maack) H. Hara	—	Ⅱ	

注：—表示此次调查未发现，或未能评价受威胁状况

3. 河北省重点保护植物调查结果及受威胁状况

《河北省重点保护野生植物名录》（第一批）中包含植物70科192种，本次调查发现了其中的47科93种（表4）。

从此次列入河北省保护名录的植物调查来看：香杨、冀北翠雀花、银莲花等38种植物处于极危状态，卷柏、蕨、木贼麻黄等28种植物处于濒危状态，草麻黄、白扦、胡桃等20种植物处于易危状态，油松、胡桃楸、虎榛子等7种植物处于近危状态。

表4　2012—2016年河北省重点保护野生植物调查结果

科别序号	科名	物种序号	中名	学名	建议受威胁评估等级	同时属于国家级保护植物
1	卷柏科	1	卷柏	*Selaginella tamariscina* (P. Beauv.) Spring	2濒危	—
2	凤尾蕨科	2	蕨	*Pteridium aquilinum* var. *latiusculum* (Desv.) Underw. ex Heller	2濒危	—
3	麻黄科	3	木贼麻黄	*Ephedra equisetina* Bge.	2濒危	√
		4	草麻黄	*Ephedra sinica* Stapf	3易危	√
4	松科	5	油松	*Pinus tabuliformis* Carr.	4近危	—
		6	白扦	*Picea meyeri* Rehd. et Wils.	3易危	—
5	杨柳科	7	香杨	*Populus koreana* Rehd.	1极危	—
6	胡桃科	8	胡桃楸	*Juglans mandshurica* Maxim.	4近危	—
		9	野核桃	*Juglans cathayensis* Dode	2濒危	—
		10	胡桃	*Juglans regia* L.	3易危	√
7	桦木科	11	千金榆	*Carpinus cordata* Bl.	2濒危	—
		12	虎榛子	*Ostryopsis davidiana* Decne.	4近危	—
8	榆科	13	青檀	*Pteroceltis tatarinowii* Maxim.	2濒危	—
9	领春木科	14	领春木	*Euptelea pleiospermum* Hook. f. et Thoms.	2濒危	—
10	石竹科	15	小五台蚤缀	*Arenaria formosa* Fisch. ex Ser.	2濒危	—

科别序号	科名	物种序号	中名	学名	建议受威胁评估等级	同时属于国家级保护植物
11	睡莲科	16	莲	*Nelumbo nucifera* Gaertn.	4近危	√
		17	睡莲	*Nymphaea tetragona* Georgi	2濒危	—
		18	芡实	*Euryale ferox Salisb*. ex Konig et Sims	2濒危	—
12	毛茛科	19	升麻	*Cimicifuga foetida* L.	2濒危	—
		20	白头翁	*Pulsatilla chinensis* (Bunge) Regel	3易危	—
		21	金莲花	*Trollius chinensis* Bunge	3易危	—
		22	冀北翠雀花	*Delphinium siwanense* Franch.	1极危	—
		23	银莲花	*Anemone cathayensis* Kitag.	1极危	—
13	木兰科	24	五味子	*Schisandra chinensis* (Turcz.) Baill.	2濒危	√
		25	天女木兰	*Magnolia sieboldii* K. Koch	1极危	—
14	十字花科	26	雾灵香花芥	*Hesperis oreophila* Kitag.	2濒危	—
15	虎耳草科	27	东北茶藨子	*Ribes mandshuricum* (Maxim.) Kom.	1极危	√
16	罂粟科	28	野罂粟	*Papaver nudicaule* ssp. *Rubro-aurantiacum* var. *chinense* Fedde	4近危	—
17	蔷薇科	29	玫瑰	*Rosa rugosa* Thunb.	1极危	√
		30	河北梨	*Pyrus hopeiensis* Yu	1极危	√
		31	美蔷薇	*Rosa bella* Rehd. et Wils.	2濒危	—
		32	缘毛太行花	*Taihangia rupestris* var. *ciliate* Yu et Li	1极危	—
18	豆科	33	三籽两型豆	*Amphicarpaea trisperma* (Miq.) Baker ex Jacks.	1极危	—
		34	膜荚黄芪	*Astragalus membranaceus* (Fisch.) Bunge	1极危	√
		35	野大豆	*Glycine soja* Sieb. et Zucc.	4近危	√
		36	甘草	*Glycyrrhiza uralensis* Fisch.	2濒危	√
		37	山绿豆	*Phaseolus minimus* Roxb.	1极危	—
19	芸香科	38	黄檗	*Phellodendron amurense* Rupr.	1极危	√
20	远志科	39	远志	*Polygala tenuifolia* Willd.	3易危	—
21	漆树科	40	黄连木	*Pistacia chinensis* Bunge	1极危	—
		41	漆树	*Toxicodendron vernicifluum* (Stokes) F. A. Barkl.	1极危	—
22	无患子科	42	文冠果	*Xanthoceras sorbifolium* Bunge	1极危	—
23	鼠李科	43	北枳椇	*Hovenia dulcis* Thunb.	1极危	—
24	椴树科	44	紫椴	*Tilia amurensis* Rupr.	1极危	√
		45	蒙椴	*Tilia mongolica* Maxim.	3易危	—
25	猕猴桃科	46	软枣猕猴桃	*Actinidia arguta* (Sieb.et Zucc) Planch. ex Miq.	3易危	√
		47	狗枣猕猴桃	*Actinidia kolomikta* (Maxim. et Rupr.) Maxim.	2濒危	√
		48	葛枣猕猴桃	*Actinidia polygama* (Sieb. et Zucc.) Maxim.	2濒危	√

科别序号	科名	物种序号	中名	学名	建议受威胁评估等级	同时属于国家级保护植物
26	董菜科	49	鸡腿董菜	*Viola acuminata* Ledeb.	2濒危	—
27	八角枫科	50	八角枫	*Alangium chinense* (Lour.) Harms	1极危	—
28	五加科	51	刺五加	*Acanthopanax senticosus* (Rupr. Maxim.) Harms	2濒危	√
		52	无梗五加	*Acanthopanax sessiliflorus* (Rupr. Maxim.) Seem.	2濒危	—
29	伞形科	53	雾灵柴胡	*Bupleurum sibiricum* var. *jeholense* (Nakai) Chu	2濒危	—
		54	黑柴胡	*Bupleurum smithii* Wolff	2濒危	—
		55	珊瑚菜	*Glehnia littoralis* Fr. Schmidt ex Miq.	1极危	√
30	白花丹科	56	二色补血草	*Limonium bicolor* (Bag.) Kuntze	3易危	—
31	木犀科	57	连翘	*Forsythia suspense* (Thunb.) Vahl	3易危	—
32	报春花科	58	岩生报春	*Primula saxatilis* Kom.	1极危	—
		59	胭脂花	*Primula maximowiczii* Regel	3易危	—
33	龙胆科	60	荇菜	*Nymphoides peltatum* (Gmel.) O. Kuntze	3易危	—
		61	秦艽	*Gentiana macrophylla* Pall.	3易危	—
34	马鞭草科	62	蒙古莸	*Caryopteris mongholica* Bunge	1极危	—
35	唇形科	63	口外糙苏	*Phlomis jeholensis* Nakai et Kitagawa	2濒危	—
		64	丹参	*Salvia miltiorrhiza* Bunge	2濒危	—
		65	黄芩	*Scutellaria baicalensis* Georgi	3易危	—
36	玄参科	66	扇苞穗花马先蒿	*Pedicularis spicata* var.*bracteata* P. C. Tsoong	1极危	—
		67	藓生马先蒿	*Pedicularis muscicola* Maxim.	2濒危	—
37	紫葳科	68	楸	*Catalpa bungei* C. A. Mey.	1极危	—
38	苦苣苔科	69	珊瑚苣苔	*Corallodiscus cordatulus* (Craib.) Burtt.	1极危	—
39	车前科	70	长柄车前	*Plantago hostifolia* Nakai et Kitag.	1极危	—
40	川续断科	71	华北蓝盆花	*Scabiosa tschiensis* Grun.	4近危	—
41	桔梗科	72	党参	*Codonopsis pilosula* (Franch.) Nannf.	3易危	—
		73	羊乳	*Codonopsis lanceolata* (Sieb. et Zucc.) Trautv.	1极危	—
42	菊科	74	苍术	*Atractylodes lancea* (Thunb.) DC.	2濒危	—
		75	蚂蚱腿子	*Myripnois dioica* Bunge	3易危	—
43	天南星科	76	半夏	*Pinellia ternate* (Thunb.) Breit.	3易危	—
44	百合科	77	知母	*Anemarrhena asphodeloides* Bunge	3易危	—
		78	百合	*Lilium brownie* var. *viridulum* Baker	1极危	—
		79	卷丹	*Lilium lancifolium* Thunb.	1极危	—
		80	北重楼	*Paris verticillata* M. Bieb.	2濒危	√
		81	黄精	*Polygonatum sibiricum* Delar. ex Redoute	2濒危	—

科别序号	科名	物种序号	中名	学名	建议受威胁评估等级	同时属于国家级保护植物
45	薯蓣科	82	穿龙薯蓣	*Dioscorea nipponica* Makino	3易危	√
46	鸢尾科	83	射干	*Belamcanda chinensis* (L.) Redouté	3易危	—
47	兰科	84	大花杓兰	*Cypripedium macranthum* Sw.	1极危	√
		85	角盘兰	*Herminium monorchis* (L.) R. Br.	1极危	√
		86	手参	*Gymnadenia conopsea* (L.) R. Br.	1极危	√
		87	天麻	*Gastrodia elata*. Bl.	1极危	√
		88	羊耳蒜	*Liparis japonica* (Miq.) Maxim.	1极危	√
		89	沼兰	*Malaxis monophyllos* (L.) Sw.	1极危	√
		90	北方鸟巢兰	*Neottia camtschatea* (L.) Rchb. f.	1极危	√
		91	二叶兜被兰	*Neottianthe cucullata* (L.) Schltr.	1极危	√
		92	二叶舌唇兰	*Platanthera chlorantha* Cust. ex Rchb.	1极危	√
		93	绶草	*Spiranthes sinensis* (Pers.) Ames	1极危	√

注：√，表示属于国家级保护植物

（四）河北省重点保护植物受威胁原因及保护状况

1. 野生植物受威胁原因

调查中发现，人为活动、环境变化等诸多原因对植物资源状况影响严重，多种人为活动均可加剧植物受威胁程度。导致野生植物生存受威胁的原因主要有：

（1）不适宜的生产活动导致生态环境的变化。营造度假山庄、扩大耕地、山地改造、过量施用除草剂和农药等均可造成生态环境的明显变化，从而导致部分植物生存受到威胁。如造林可减少林下光照，改变植物的生长环境，使膜荚黄芪等阳生植物逐渐死亡。而增大耕地及农田施药可直接毁灭部分植物资源，如 20 世纪 80 年代绶草较为常见，但后续将山地扩增为农田及除草剂的广泛使用，使得原本长有绶草的山坡上，再难寻找到该种植物。

（2）靠山吃山观念与不适宜的商业活动，加剧植物资源的破坏。高价收购野生药材，导致很多破坏性和毁灭性采挖，致使某些野生资源急剧减少。野生中草药的破坏性采挖，对药用部位为根、茎的药用植物资源危害极大，几近涸泽而渔。例如，穿龙薯蓣药用部位主要为根，黄檗药用部位为茎皮，在这些植物集中分布的区域，一次破坏性采挖，可采得近百千克穿龙薯蓣根，或剥得几十千克黄檗树皮，但也可使这些植物群落完全消失。再如金莲花，最初人们仅采集花及花蕾，虽然影响开花、结籽等有性繁殖过程，但金莲花仍可凭借营养繁殖维持群落数量。但是近两年，开始有药商大量收购金莲花的枝、叶，从中提取有效成分，药农采挖中常将金莲花连根拔起，因营养生长不足及根部受损严重，导致近几年野生金莲花数量在明显降低。

（3）野生植物保护法的宣传普及落实不到位，群众野生植物保护意识淡薄。游人采摘野生花卉，对野生花卉资源危害较大。如大花杓兰，花大美丽，20 世纪 80 年代在坝上地区很常见该植物。但随着旅游业的兴起，游人数量增加，部分游人对大花杓兰随手采摘，或试图移栽，近年来，野外已极少能见到大花杓兰。

2. 野生植物保护措施

保护野生植物资源，需要多种举措并行：

（1）加强公民野生植物保护的宣传教育，帮助公众了解植物资源的珍贵性，增强公民野生植物保护意识；引导公众改变视野生植物为无主之物的陈旧观念，树立将自然界作为公共花园的新观念，在欣赏大自然时规范自身行为，对野生植物花卉可以远观近赏，但不再采摘破坏。

（2）积极筹建濒危植物保护区，以保护野生植物资源。河北省对植物资源保护工作极为重视，目前已建成野生大豆、野生莲、野生香杏丽菇、野生珊瑚菜、野生猕猴桃等多个濒危野生植物原生境保护点；崇礼、围场、磁县等地在积极申请野生发菜、野生杜仲、野生甘草等植物的原生境保护点，迁西县指导当地农民开展了野生猕猴桃的驯化栽培试验，取得了良好效果。同时迁地保护、恢复植物野外种群、人工良种繁育、仿生种植也已在一些地区开始进行，这些举措，增强了人们对野生植物资源保护的信心和动力。

（3）利用野生植物资源积极培育良种，发展家种栽培；鼓励人工种植，鼓励中药材、园林植物种植基地的建设，使植物资源保护成为促进当地经济发展的动力之一。

（4）建立野生中药材资源、野生花卉资源保护体系，建立野生保护药材采收、购销审批制度，进一步规范个人及组织的生产与经营活动，加强野生植物保护法规落实的力度；严格资源植物销售资格审查制度，限制没有种植基地的药材原料商、园林植物销售商的销售行为，以减少对野生植物的随意采挖，最终实现保护野生植物资源的目的。

三、农业野生植物保护面临的问题

（一）农业生态环境日益恶化

河北省是一个农业生态环境十分脆弱的省份，自然禀赋不足加之掠夺性开发，河北省农业野生植物赖以生存的生态环境条件日益恶化。

1. 土地资源逐年减少

全省耕地面积由 1990 年的 702 万 hm^2 减少到 2015 年的 653 万 hm^2，而且随着人口增加，工业化、城镇化进程加快，对土地的需求呈刚性增长，耕地减少的趋势不可逆转。

2. 防沙治沙任务艰巨

虽然防沙治沙工作已经取得了一定成效，但河北省仍然是全国土地沙化面积大、危害严重的省份之一，土地沙化导致生态环境不断恶化，已经形成了坝上、坝下五大沙滩、永定河中下游、冀西、黄河故道和冀东沿海等六大沙区，土地沙化问题仍然突出。

3. 水资源匮乏

河北省是一个水资源严重短缺的省份。全省多年平均水资源 203 亿 m³，人均、亩均水资源量仅为 307m³ 和 208m³，分别相当于全国平均水平的 1／7 和 1／9。全省大部分地区水资源供需矛盾十分突出，全省用占全国 0.7% 的水资源量，生产了占全国 6% 的粮食，养活了占全国 5% 的人口，呈现了地下水过度开采局面，使地下水漏斗区的面积不断扩大，已远远超过水资源和水环境的承载能力。

4. 河流湖淀水体污染

2017 年全省七大水系Ⅲ类和好于Ⅲ类水质的断面比例仅为 52.26%，河流劣Ⅴ类水质比例高达 24.62%。全省河流水质总体为中度污染。Ⅰ～Ⅲ类水质比例为 48.10%，Ⅳ类水质比例为 15.82%，Ⅴ类水质比例为 6.33%，劣Ⅴ类水质比例为 29.75%。

5. 矿山水土流失问题

矿山地形地貌景观破坏、地下水疏干、地面塌陷等矿山生态环境问题突出，造成山区植被结构简单、生物多样性差，植被覆盖率低、水源涵养能力差，显著影响到山区及周边的生态环境。

（二）农业面源污染形势严峻

目前全省农业发展整体上仍然处于传统农业向现代农业、粗放型农业向集约型农业的过渡阶段，资源利用率低、产业化水平低、科技创新能力不强、农业抗风险能力较差等问题依然突出，高投入、高消耗、低产出、低质量、低效益的粗放型经营模式仍占主导地位。

1. 农民环境保护意识有待加强

据调查统计，全省农村人口占 79%，受教育年限仅为 6.23 年，文盲、半文盲所占比重高达 14.8%。而且，在农村劳动力中，接受过短期职业培训的占 20%，接受过初级职业技术教育培训的占 3.4%，接受过中等职业技术教育的占 0.13%，而没有接受过技术培训的竟高达 76.4%。这种状况造成农民对生态环境保护的认识不足，在生产中单纯追求经济效益，加剧了农业面源污染。

2. 投入品不合理使用

全省农药、化肥、地膜的使用量呈上升趋势，大量及不合理地使用农药、化肥、农膜等农业投入品，加重了对农业环境的污染。据统计，2013 年全省农用化肥施用量 331 万吨，农药使用量为 8.7 万吨，地膜使用量 6.3 万吨。但同时，全省农药、化肥利用率仅为 32% 和 30% 左右，残膜回收率不足 40%。

3. 农业废弃物排放不当

据测算，全省畜禽粪便量约为 9 600 万吨，规模畜禽养殖场（小区）配套建设粪污处理设施的比例仅占 46%。全省农作物秸秆产量约 6 176 万吨，可收集量 5 960 万吨，利用率 86.8%；全省每年产生蔬菜茎秆及尾菜量约 1 960 万吨，几乎得不到有效利用。

4. 农村生活垃圾和污水处理不当

近些年来，农村生活垃圾种类和数量，以及生活污水的成分都有了很大变化，受长期以来落后的生活习惯和经济、技术条件的限制，大部分没有得到处理，随意堆放和排放，农村环境卫生状况和居民的身体健康受到威胁，地表水和地下水污染严重。

（三）生态环境脆弱

河北省地处半干旱与半湿润气候、高原与平原地貌、牧区与农区生产类型的过渡交接地带，是我国东部沿海地区生态环境最为脆弱的省份。全省降水量小，开发强度大，河流水资源利用率高达90%，远超过国际上公认的30%警戒线，生态用水匮乏，绝大多数山泉枯竭，平原河流断流、湖泊萎缩消亡，水环境容量大大降低。生态系统自我调节能力差，极易遭受破坏，恢复难度较大，加之长期超强度开发，原生森林植被破坏严重，荒山裸地面积占全省山区总面积的12%以上，草场退化、沙化、碱化面积占可利用草场总面积的53%，沙化土地面积、水土流失面积分别占全省土地总面积的14.5%和34%。自然灾害种类多，发生频率高，影响范围大，尤其是近年来扬沙、沙尘暴发生频繁，成为影响京津冀地区生态环境质量改善的制约因素。

1. 森林资源总量不足、森林植被破坏问题突出

全省人均有林地面积1.08亩，仅为全国平均水平的1/3，人均活立木蓄积1.67m³，只有全国水平的1/8；天然林中次生林多，林分质量下降，郁闭度低；人工林中纯林多、混交林少，单层林多、复层林少；局部林分老化退化明显，森林水源涵养、防风固沙、水土保持等生态功能亟待提升。

2. 草原生态恶化，整体功能降低

全省天然草原面积281万hm²，由于干旱、鼠虫害等自然因素和各地区草原过度垦殖、超载放牧现象严重，使草原生物种质资源遭到破坏，优质牧草种类和数量明显下降，有毒、有害杂草种类和数量上升，草原植被减少，生态平衡遭到破坏，草原退化、沙化仍有蔓延趋势，草原生态环境"局部改善、总体恶化"趋势尚未得到根本遏制。天然草原水土流失加剧，草原资源的承载压力不断加大；草原畜牧业经营粗放、管理落后、效益低下等问题还十分突出；草原基础设施建设依然落后。草原水土涵养等功能下降，自我修复能力减弱，草原灾害呈多发加剧态势，仍是影响京津冀地区生态环境质量的重要因素。

3. 渔业生态环境保护能力急待提升

渔业资源利用过度，捕捞强度居高不下，经济鱼类种类数量锐减，渔获物低龄、低值、小型化明显；赤潮频发，海底荒漠化趋势未能得到有效遏制，工业化、城镇化挤压渔业发展空间，破坏渔业生态环境，填海造地、争抢滩涂水面造成"失海""失水"问题突出，鱼虾蟹贝类天然产卵场与栖息地大量丧失，渔业生态环境保护能力急待提升。

4. 生物资源保护不够

不合理的农业生产方式导致农区植被破坏，物种种群减少，部分物种濒临灭绝，生物多样性面临威胁。同时，河北省已发现外来入侵物种已达40多种，个别入侵物种已造成严重影响，如黄顶菊自2001年发现以来，由于其繁殖能力强、蔓延速度快，到2006年短短5年已在河北省9个市的91个县形成分布，面积达50余万亩，构成了定植入侵之势。2008年下半年河北省又发现原产于北美洲的外来生物刺萼龙葵在张家口地区较大面积的发生，并有扩散蔓延的趋势。2011 年在秦皇岛昌黎黄金海岸保护区附近发现少花蒺藜草，侵占海岸线其他植物生存空间。刺果瓜作为河北省新外来入侵生物，近两年来已扩散蔓延了 1 万亩，对玉米等粮食作物构成很大威胁。

四、不同生态区域野生植物的保护措施

依据全省自然生态环境特点和当前野生植物分布情况，在山区、森林、农田、湿地、草原等不同生态区域提出下列保护措施。

（一）山区

河北省山区主要由燕山和太行山两大山脉组成，分布于省境北部和西部，总面积 95 304km²，占全省土地总面积的 50.8%；承担着水土保持、水源涵养、防风固沙等多种生态功能，是京津冀的水源地和华北的生态屏障。

1. 实施山体修复工程

突出重点、分类施策，对非法采矿、采石和采砂企业予以依法取缔，对敏感地带、严重危害区域生态环境的矿山企业予以关停，对水土保持措施不达标的矿山生产企业进行整顿，对责任主体灭失的露天开采矿山迹地实施复绿，对山体裸露、林草植被盖度低的荒山实施造林增绿，对地质灾害频发区实施综合整治，加强尾矿库综合治理，加快恢复和提高山区生态功能。

2. 强化水土流失治理

以小流域为单元实施水土流失治理，优化配置工程、植物保护和耕作措施，强化坡改梯工程建设力度，营造水土保持林，合理配置护坝、塘坝、谷坊等小型水利水保工程，严格水土保持监管，构建水土流失综合防护体系。对 25°以上陡坡耕地实施退耕还林。

3. 建设张承水源涵养生态功能区

加强对饮用水源保护区、水源涵养区、自然保护区、水土保持区等重要生态功能区的空间管制。以张家口、承德地区沙源、风口和风道的防沙治沙为重点，持续实施造林绿化、森林抚育经营和草地建设等工程，大幅度提升水源涵养能力，加快建设集水土保持、水源涵养、防风固沙、林果种植、生物多样性保护于一体的生态功能区。

4. 推进山区生态与经济协调发展

开展山区开发与生态安全评估，划定山区开发的生态红线。大力发展集生态治理、新农村建设、种养殖业、林果业、生态旅游、观光农业为一体的沟域经济，实现山区生态、经济和社会效益相统一，促进生态友好型山区经济的可持续发展。

（二）森林

森林是陆地生态系统的主体。全省森林总面积 641.2 万 hm²，森林覆盖率 34%，其中防护林 284.44 万 hm²、特用林 8.99 万 hm²、用材林 78.82 万 hm²、薪炭林 7.25 万 hm²、经济林 123.19 万 hm²。

1. 实施绿色河北攻坚工程

着力抓好京津风沙源治理二期、退耕还林、三北防护林、沿海防护林、太行山绿化等国家造林绿化重点工程，全面推进宜林荒山荒地绿化和沙化土地治理。加快构筑以两屏四带两网为骨干框架的绿色生态屏障。突出抓好京津保城市间生态过渡带建设，着力推进大型生态林场、骨干生态防护林带、高标准农牧防护林网、生态廊道建设和城市与村庄绿化。

2. 实施退化林分改造工程

重点组织实施国家《河北张家口坝上地区退化林分改造试点实施方案》，通过采伐更新、择伐补造、抚育改造等措施，对张家口坝上地区 8.1 万 hm^2 防护林进行全面改造；在试点的基础上，开展全省的退化林分改造工作，建立防护林可持续经营的长效机制，构建生长良好、功能完备的生态防护林体系。

3. 加强野生动植物保护及自然保护区建设

抓好典型自然生态系统的抢救性保护和恢复工作，完善国家级自然保护区基础设施建设，加快发展省级以下自然保护区，使全省 85% 以上的国家重点保护野生动植物资源得到基本保护。

4. 加强森林抚育经营

改善林龄、林相结构，调整和优化林种、树种结构，突出抓好坝上地区衰死杨树更新换代和燕山、太行山过密中幼龄林抚育，将纯林逐步改造成符合自然演替规律的复层、异龄的混交林，提高林分质量和林地生产效率，发挥森林综合效益。

5. 严格森林资源保护

（1）加强森林防火体系建设。健全森林防火预防、扑救、保障体系，提高森林火灾应急处置能力，突出抓好重点火险区森林防火综合治理项目建设，确保不发生重大森林火灾，森林受害率控制在 0.3‰以下。

（2）强化林业有害生物防治体系建设。建立健全监测预警、检疫御灾、防治减灾和服务保障体系，完善应急控灾机制，突出主要危险性和生态重点区域林业有害生物防治，确保造林绿化成果和生态安全。林业有害生物成灾率控制在 4‰以下。

（3）严格林地红线管理和依法治林。牢固树立红线意识，全面贯彻落实林地保护利用规划，严格林地用途管制、分级管理和定额管理，严控经营性项目占用林地，严格保护生态区位重要和生态脆弱地区林地，严禁随意改变林地用途。

6. 深化林权制度改革

加快集体林权制度配套改革，鼓励林业承包经营权向家庭林场、农民合作社、林业企业流转，进一步放活经营权、落实处置权、保障收益权。鼓励农民兴办林业合作组织，实施规模化种植、集约化管理、专业化经营，支持林业合作组织承担造林绿化、公益林管护、山区综合开发等重点生态工程项目建设。稳步推进国有林场改革，理顺国有林场管理体制，创新国有林场发展机制，强化国有林场森林资源监管。

（三）农田

农田生态系统是保障人类生存的基础条件。河北省现有耕地面积 656.38 万 hm^2，其中水田 9 万 hm^2，水浇地 393 万 hm^2，旱地 254 万 hm^2。划定基本农田保护面积 554.4 万 hm^2，占耕地面积的 84.5%。

1. 建设高标准农田

坚守耕地红线。在粮食主产区围绕提升耕地土壤肥力、抗灾能力和持续产出能力，实施高标准农田建设工程，增施有机肥、培肥地力，提高耕地质量；在生态脆弱区积极推进保护性耕作示范区建设，完善耕作制度和农田管理模式。

2. 推广农业清洁生产

开展清洁生产模式推广应用，大力整治农村面源污染。加强畜禽粪污处理，推广标准化养殖。

3. 强力实施节水灌溉

在粮食主产区推广抗旱作物和节水品种，推广集成农艺节水技术、水肥一体化技术。大力实施农田节水工程建设，因地制宜铺设防渗输水管道，推广微喷灌、膜下滴灌、膜下沟灌，发展节水型设施农业，尽快提高农田用水效率。大力推广水窖、塘坝等集雨节水灌溉模式。

4. 开展农田专项整治

针对不合理耕作、土壤养分失衡、土壤污染、秸秆处理等问题，组织开展四项专项整治行动，解决农田生产过程中存在的突出问题，加快改善生态环境。

5. 开展农村环境综合整治

大力开展农村环境整治，结合社会主义新农村、新民居建设和农村面貌改造提升行动，深入推进重点流域和敏感区域重点村镇环境综合整治，强力实施农村环境整治、民居改造、设施配套、服务提升、生态建设等五大工程，严禁污染企业向农村转移，加强村庄周边各类企业排污管理，加快推进美丽乡村建设。加快农村污水处理、街道硬化、村庄绿化、排水等基础设施建设，推行"户收集、村集中、镇（乡）运送、县处理"的城乡一体化垃圾处理模式，逐步改善农村居住和生态环境质量。

（四）湿地

湖泊等湿地是"地球之肾"。河北省湖泊主要分布于坝上高原和平原地区。其中，张家口坝上湖泊涉及康保、沽源、张北和尚义 4 个县，湖淖面积 231.6 万亩；平原湿地主要包括白洋淀、衡水湖、文安洼、东淀等，总面积 176.8 万亩。近海自然湿地主要包括曹妃甸、海兴、南大港等，湿地总面积 27.9 万亩。

1. 实施白洋淀、衡水湖等湿地保护工程

对白洋淀、衡水湖等重要湖泊洼淀自然湿地进行综合治理和生态保护。加强湿地自然保护区和湿地公园建设，积极争取国家参照大江大河大湖给予政策支持。对面积缩小、生态功能萎缩的湿地

自然保护区和国家重要湿地及周边区域的退化湿地进行恢复，通过退耕还湖、退场还湖扩大湿地面积。对植被破坏、水体污染的湖淖洼淀进行治理，降低水体污染，恢复湿地植被和生态功能。

抓紧编制实施白洋淀综合治理规划，加快实施"引""控""管""迁"等综合治理措施，确保入淀的水源达标，淀区村庄边界不能再外延侵占湖面，水上养殖逐步退出，淀区所有污染企业全部退出，水区村的垃圾、污水得到有效处理，汽油、柴油船改成燃气、电动船，划出淀区保护边界和生态红线，淀区村庄不再新建高楼，新建民居体现水乡特色，通过实施引黄入冀补淀工程年均向白洋淀补水 1.1 亿 m^3，确定淀外县城及镇、村开发边界，稳妥有序推进淀内四面环水村居民外迁。抓好衡水湖保护和治理，加快实施湖区治理、除涝河道治理、周边河道生态修复、水资源保护截污等措施，引调地表水年均向衡水湖补水 0.5 亿 m^3。

2. 实施湿地保护修复工程

以自然恢复为主、与人工修复相结合的方式对集中连片、破碎化严重、功能退化的湿地进行修复和综合整治，优先修复生态功能严重退化的国家和省级重要湿地。通过污染清理、土地整治、地形地貌修复、自然湿地岸线维护、河湖水系连通、植被恢复、野生动物栖息地恢复、生态移民和湿地有害生物防治等手段，逐步恢复湿地生态功能，维持湿地生态系统健康。

3. 建立完善湿地生态补偿制度

依据有关法律法规与政策文件精神，在深入推进湿地生态补偿试点工作的基础上，制定与完善河北省湿地生态效益补偿的实施办法，理顺工作机制，促进全省湿地保护与恢复。

（五）草原

草原承担着防风固沙、保持水土、涵养水源、调节气候、固氮储碳、维护生物多样性等重要功能，是河北省西北部区域天然绿色生态屏障。全省草原面积 284.4 万 hm^2，共涉及 130 个县（区、市）。主要分布在张家口、承德两市，占全省草原总面积的 65.8%，其余零散分布于燕山、太行山区和滨海平原地带。

1. 保护坝上天然草原

将坝上现有草原全部划为保护区，将其中 80% 划为基本草原，确定草原"生态红线"。制定基本草原保护管理办法，实行最严格的保护制度和措施，确保面积不减少、质量不下降、用途不改变。

2. 修复草原生态功能

以京津风沙源治理二期、退耕还草等重点生态工程为依托，加大投入力度，对"三化"草原实行围栏禁牧，对中度退化草原实行补播改良，恢复和提高天然草原生产能力，逐步恢复草原生态功能。

3. 发展优质饲草产业

扩大饲用玉米、紫花苜蓿、黑麦草、燕麦、春箭筈豌豆等高产优质饲草作物种植面积，有条件的地方加快土地流转，发展以紫花苜蓿为主的多年生牧草规模种植。将牧草种植列入粮食种植补贴范围，提高人工饲草料供给能力，缓解天然草场生态压力，加快实现草畜平衡。加大投入，立草为业，农牧结合，发展循环农业。

4. 强化草原资源管理

转变草原畜牧业发展方式，发展规模化、标准化舍饲圈养，抓紧制定分县草原载畜量标准和禁牧休牧轮牧实施方案。

　　河北省植物资源丰富，其中许多种类具有重要的经济、医药和研究价值。新中国成立后，河北省曾多次进行植物普查，1978 年成立了《河北植物志》编辑委员会，对河北省植物资源再次进行调查后，对历年调查结果进行整理，出版了《河北植物志》。2012—2016 年，根据农业部的部署，原河北省农业环境保护监测站组织专家对河北省内国家级、省级重点保护植物的分布情况进行了调查。此次调查选择了河北省内植物资源较丰富的 49 个县区，每县区选择植被较好、生态类型具代表性的 3～5 个地区进行实地踏查。5 年中，野外实地调查近 300 天，对重点保护植物的 GPS 定位点近 2 000 个，较好地完成了对河北省内国家级、省级保护植物及部分其他植物资源现状的调查。

　　编者对 1978 年及 2012—2016 年植物调查中重点保护植物分别绘制了分布图，发现部分植物的分布发生较大变化，分析其原因，主要有以下几点：①由于人类活动及环境因素的变化，使原分布区部分植物生存状况恶化，植物数量明显减少，有些植物甚至已多年未见，因而导致分布区明显缩小；② 1978 年前后的调查方式是植物普查，2012—2016 年是对抽选各县植物资源较为丰富的地区及具代表性的生态地区进行调查，后者调查范围的缩小，可能部分植物未能纳入记录，导致两次调查中植物分布出现差异；③ 1978 年调查中，将部分人工种植植物，如油松、核桃等均进行了记录，但 2012—2016 年调查中仅记录了野生植株，因而分布区域减小；④开展调查的时间、地点在全面性和代表性上还有一定不足；⑤此次调查中，部分区域十分偏远，少有人迹，因而补充了以前记录的空白，使原有分布区扩大或改变。

　　以下对本次调查中发现的 93 种国家级和河北省重点保护植物的形态特征、分布区变化、受威胁状况及研究现状进行了简要介绍。希望帮助公众了解农业野生植物资源现状，减少野生植物受威胁因素，参与对河北省濒危农业野生植物的保护、种植及有序开发等工作，以实现对农业野生植物资源的长期利用和农业可持续发展。

一、卷柏科

卷柏 *Selaginella tamariscina* (P. Beauv.) Spring

1. 形态特征

多年生草本。主茎短而直立，高 5～15cm。须根聚生成短干，茎分枝多而密，呈莲座状或放射状丛生；各枝常为二歧或扇状分枝至 2～3 次羽状分枝，干时内卷如拳。叶二型，四列，交互覆瓦状排列，侧叶长卵圆形，斜展，长 1～2.5mm，宽 1～1.5mm，尖头有长芒，外缘狭膜质具微齿，内缘宽膜质，全缘，中叶卵状长圆形，长约 1.5mm，宽约 1mm，先端有长芒，边缘有微齿，叶厚草质，光滑。孢子囊穗生小枝顶端，四棱柱形，长 1～1.5cm；孢子叶卵状三角形，有龙骨突起，锐尖头，边缘膜质具微齿；孢子囊肾形，大小孢子囊排列不规则，孢子二型。

2. 资源价值

全草入药，生用破血，炒炭用止血，卷柏植株可以入药，具有收敛止血的作用，可治脱肛，吐血、血崩等症状。还可用于作小型盆栽，置于案头欣赏。

3. 研究现状

卷柏管理粗放，抗旱性极强，较易进行人工种植。

现代药理研究表明，卷柏属植物具有抗肿瘤、抗菌抗病毒、抗炎、抗氧化、免疫调节、降血糖及扩张血管等广泛的药理活性，具有潜在药用开发价值。

4. 2012—2016 年与 1978 年植物分布区域比较

1978 年普查中发现，卷柏在邯郸县、邢台县、井陉、平山、曲阳、阜平、徐水、蔚县、宽城、青龙、山海关等 11 个县区有分布。2012—2016 年调查中发现，卷柏主要分布在涉县、平山县，与1978 年相比，分布区域有所变化并明显减少。在分布区内，卷柏多分布于悬崖、陡坡上，数量较少，分布较为集中。

1978年调查中卷柏分布区域　　　　　　　　2012—2016年调查中卷柏分布区域

5. 受威胁状况

已列入《河北省重点保护野生植物名录》。

此次调查中，成熟植株数量为 50～250 株，分布点≤5。

建议受威胁状态评价为：濒危。

建议设立保护区，进行人工繁育，恢复野外种群数量，同时推广仿生种植。

二、凤尾蕨科

蕨 Pteridium aquilinum var. *latiusculum* (Desv.) Underw. ex Heller

1. 形态特征

植株高约 1m。根状茎长而横走，黑色，密被锈黄色短毛。叶疏生，小羽轴及主脉下面具短毛，其余无毛；叶片阔三角形或长圆三角形，长 30～60cm，宽 20～45cm，三回羽状或四回羽状，末回小羽片或裂片长圆形，圆钝头，全缘或下部具 1～3 对浅裂或成波状圆齿；叶脉羽状，侧脉 2～3 叉，下面隆起。孢子囊群线形，着生于小脉顶端的联结脉上，沿叶缘分布；囊群盖条形，具叶缘反卷而成的假盖。

蕨植株高大，叶全裂，与蕨相似的植物有蹄盖蕨科、球子蕨科、鳞毛蕨科多种植物，蕨识别特征：叶为三至四回羽状裂，孢子囊群线形，着生于小脉顶端的联结脉上，沿叶缘分布。

2. 资源价值

全草入药，可驱风湿、利尿、解热、治脱肛。嫩叶可食，称蕨菜；根状茎贮藏优质淀粉，可制成蕨粉供食用。

3. 研究现状

已形成孢子无菌繁殖、高产栽培等人工栽培技术体系。

现代科研中，观察了配子体发育和卵的发生。对蕨菜营养成分进行了分析；对其活性成分，如水溶性膳食纤维、黄酮类物质及多糖的提取条件进行了研究；对其免疫调节活性、抗氧化性进行了研究；进行了单糖组分分离和鉴定。开发有蕨菜饼干等产品。

4. 2012—2016 年与 1978 年植物分布区域比较

因幼嫩蕨叶可作高级野菜，因而被采挖严重。

1978 年普查中发现，蕨在承德市所辖的 8 个县区均有分布。2012—2016 年调查中发现，蕨主要分布在滦平县境内，与 1978 年相比，分布区域明显减少。在分布区内，蕨多在潮湿的林下存在，常成为小群落。

1978年调查中蕨分布区域

2012—2016年调查中蕨分布区域

5. 受威胁状况

已被列入《河北省重点保护野生植物名录》。

此次调查中，成熟植株数量为 50 ～ 250 株，分布点 ≤ 5，较少。

建议受威胁状态评价为：濒危。

建议设立保护区，进行人工繁育，恢复野外种群数量，同时推广仿生种植。

三、麻黄科

木贼麻黄 *Ephedra equisetina* Bge.

1. 形态特征

灌木，高30～100cm，主茎直立，粗壮木质；小枝绿色，节间短而纤细，长1～3cm，径1～1.2mm。叶对生，基部约3/4合生，裂片钝三角形。雄球花1～4个腋生，梗短或近无梗，通常窄长卵形，长仅3～4mm，苞片3～4对，雄蕊6～8枚；雌球花单生，或在节上相对，窄长卵状，成熟时苞片增大肉质红色；种子1，珠被管外伸，常稍曲折。花期4—5月，7—8月种子成熟。

木贼麻黄、中麻黄及草麻黄三者均为灌木，有些相似。但木贼麻黄、中麻黄均高大，地上有明显木质茎，木贼麻黄节短而纤细，叶对生，球花苞片对生，种子通常1粒；中麻黄叶3裂轮生和2裂对生并存，球花苞片2片对生或3片轮生，雌花的胚珠具长而曲折的珠被管，种子2粒或3粒。草麻黄地上无明显木质茎，呈草本状，节间较长，叶对生，种子通常2粒。

2. 资源价值

枝和根分别入药，根可止汗、固虚；茎可发汗解表、宣肺平喘、利水消肿。

同时木贼麻黄可用于干旱地区绿化。

3. 研究现状

规模化种植技术已成熟。

木贼麻黄根茎萌发力强，适应性强，一般土壤均可种植，易栽培。

现代科技研究表明，木贼麻黄提取物具有抗过敏、升高血压、兴奋中枢神经系统、抗凝血、抗氧化、抗病毒及免疫抑制等作用，应用高效液相色谱、核型分析等技术，对其成分、产地鉴别进行了一定的研究。

4. 2012—2016年与1978年植物分布区域比较

木贼麻黄市场价值高，市场需求大，植株多以地上部分入药。但野外采挖时常被连根挖取，群落被彻底破坏，自然条件下难以再生，因此，野外种群急剧减少。

1978 年普查中发现，木贼麻黄在张家口市及承德市所辖的 21 个县区中均有分布。2012—2016 年调查中发现，木贼麻黄主要分布在尚义县、万全县，与 1978 年相比，分布区域明显减少。在分布区内，木贼麻黄多分布于悬崖石缝、山地阳坡上，数量较少，分布较为集中。

1978年调查中木贼麻黄分布区域

2012—2016年调查中木贼麻黄分布区域

5. 受威胁状况

木贼麻黄已被列入《中国国家重点保护野生植物名录（第二批）讨论稿》及《河北省重点保护野生植物名录》。

此次调查中，成熟植株数量为 50 ～ 250 株，分布点 ≤ 5，较少。

建议受威胁状态评价为：濒危。

建议设立保护区，进行人工繁育，恢复野外种群数量。

由于木贼麻黄中特征成分对人体的危害性，目前，我国对木贼麻黄种植实施严格管理，私人不得随意进行栽培。

草麻黄 *Ephedra sinica* **Stapf**

1. 形态特征

草本状灌木，高 20～40cm；木质茎短或呈匍匐状，小枝直伸或微曲，表面细纵槽纹常不明显，节间长 2.5～5.5cm，多为 3～4cm，径约 2mm。叶 2 裂，裂片锐三角形，先端急尖。雄球花多呈复穗状，常具总梗，苞片通常 4 对，雄蕊 7～8，花丝合生，稀先端稍分离；雌球花单生，在幼枝上顶生，在老枝上腋生，常在成熟过程中基部有梗抽出，使雌球花呈侧枝顶生状，苞片 4 对，部分合生；雌花 2，胚珠的珠被管长 1mm 或稍长，直立或先端微弯，管口隙裂窄长。雌球花成熟时肉质红色，矩圆状卵圆形或近于圆球形，长约 8mm，径 6～7mm；种子通常 2 粒，包于苞片内，不露出或与苞片等长，黑红色或灰褐色，半圆形。花期 5—6 月，种子 8—9 月成熟。

草麻黄、木贼麻黄及中麻黄及三者均为灌木，有些相似。草麻黄地上无明显木质茎，呈草本状，叶 2 裂，节间较长；种子通常 2 粒。木贼麻黄、中麻黄地上均有明显木质茎，木贼麻黄叶 2 裂、球花苞片对生、种子通常 1 粒；中麻黄叶 3 裂和 2 裂并存，球花苞片 2 片对生或 3 片轮生，种子 2 粒或 3 粒。

2. 资源价值

枝和根分别入药，麻黄根可止汗、固虚；麻黄茎可发汗解表、宣肺平喘、利水消肿。

同时草麻黄可用于干旱地区绿化。

3. 研究现状

人工栽培技术已成熟。

麻黄药源植物包含草麻黄、中麻黄及木贼麻黄，有多项关于麻黄染色体制片、核型分析、加工工艺及有效成分比较的研究。草麻黄生物碱含量丰富，仅次于木贼麻黄，且木质茎少，易加工提炼。

4. 2012—2016 年与 1978 年植物分布区域比较

草麻黄作用与木贼麻黄相似，市场价值高。野外调查时发现，曾在荒地上生长的草麻黄多因增大耕地而被逐渐拔除，因此，草麻黄野外种群也明显减少。

1978 年普查中发现，草麻黄在武安、沙河、内丘、临城、赞皇、元氏、井陉、鹿泉、平山、灵寿、行唐、阜平、顺平、易县、涞水、蔚县、怀来等 17 个县区中均有分布。2012—2016 年调查中发现，草麻黄主要分布在宣化、尚义、康保、围场等 4 县境内较偏僻的山中、荒地中，与 1978 年相比，分布区域有所变化且明显减少。在分布区内，草麻黄多分布于山坡、荒地的阳坡上，分布较为集中，数量较多。

1978 年调查中草麻黄分布区域

2012—2016 年调查中草麻黄分布区域

5. 受威胁状况

已被列入《中国国家重点保护野生植物名录（第二批）讨论稿》及《河北省重点保护野生植物名录》。

此次调查中，成熟植株数量为 250～1 000 株，分布点≤5，较少。

建议受威胁状态评价为：易危。

建议设立保护区。

由于草麻黄中特征成分对人体具危害性，目前，我国对草麻黄种植及经营实施严格管理，私人不得随意进行栽培和经营。

四、松科

油松 *Pinus tabuliformis Carr*

1. 形态特征

乔木，高达 25m；树皮灰褐色，裂成不规则的鳞状块片，裂缝及上部树皮红褐色；枝平展或向下斜展，老树树冠平顶；冬芽红褐色，长圆形。针叶 2 针一束，长 10～15cm，两面具气孔线，横切面半圆形，树脂道 5～8 个或更多，边生。雄球花圆柱形，长 1.2～1.8cm。球果圆卵形，长 4～9cm，常宿存树上数年之久；中部种鳞近长圆状倒卵形，鳞盾肥厚，隆起或微隆起，扁菱形或菱状多角形，横脊显著，鳞脊凸起有尖刺；种子卵圆形，淡褐色有斑纹，长 6～8mm。花期 4—5 月，球果翌年 10 月成熟。

油松、樟子松的针状叶均为 2 针一束，略相似。但油松叶长，长 10～15cm；樟子松叶短，仅长 4～9cm，少量可达 12cm。

2. 资源价值

材质坚硬，纹理直，结构较细密，富油脂，耐久用。可供建筑、电杆、矿柱、造船、家具及木纤维等工业用材；树干可割取油脂，提取松节油；树皮可提取栲胶；松节、针叶、花粉均供药用。

3. 研究现状

由于油松重要的经济价值，目前已对油松开花生物学特性、球花分布规律、花粉密度与飞散规律、遗传育种、大面积栽种培育措施、飞播林经营、雌配子体发育的分子调控都进行了系统研究。

现代科技研究表明，油松具有多种药用价值。①松针水提液对大鼠高脂血症具有显著调整血脂作用，可明显降低总胆固醇和低密度脂蛋白胆固醇，对动脉粥样硬化和冠心病可能有良好的防治作用；松针水提物还可使果蝇的寿命极

显著延长，使小鼠活动增强。②松花粉具有抗氧化、降血糖、调节免疫、胃肠保护和美容养颜等多种保健功效，破壁松花粉产品已大量面市。③油松释放的芳香化合物能杀死白喉、伤寒、痢疾杆菌、沙门氏菌，并且能引起细菌溶解，可破坏并抑制病原菌的代谢和繁殖，还能改善心肌缺血、解除血管平滑肌痉挛，还可以起到安神、稳定情绪、促进睡眠、放松心情等作用，油松树林具有良好的保健功效；对油松精油提取也有了一定的研究成果。

4. 2012—2016 年与 1978 年植物分布区域比较

野外种群易受到过度砍伐及病虫害威胁。

1978 年普查中发现，油松在河北省内普遍分布。2012—2016 年调查中，只将山林、荒地中无人养护的油松认定为野生油松，易县清西陵、塞罕坝、围场县、滦平县、平泉县、兴隆县等地人工养护的油松均未被记录，因而分布面积较 1978 年明显缩小。2012—2016 年调查中发现，油松主要分布在平山、阜平、唐县、怀来、崇礼、尚义、昌黎、北戴河、宽城、承德等 10 个县区境内，与 1978 年相比，分布区域明显减少。在分布区内，油松多分布于山坡、荒地上，数量较多。

1978年调查中油松分布区域

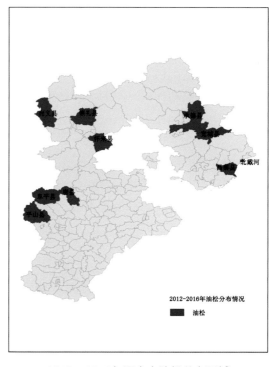

2012—2016年调查中油松分布区域

5. 受威胁状况

已被列入《河北省重点保护野生植物名录》。

此次调查中，植物成熟个体数量＞1 000，分布地点＞5。

建议受威胁状态评价为：近危。

白杆 *Picea meyeri* Rehd. et Wils.

1. 形态特征

乔木，高达30m，胸径约60cm；树皮灰褐色，裂成不规则的薄块片脱落；大枝近平展，树冠塔形；小枝有密生短毛至无毛，一年生枝黄褐色，二、三年生枝淡黄褐色至褐色；冬芽多为圆锥形，褐色，上部芽鳞的先端常微向外反曲，小枝基部宿存芽鳞的先端微反卷或开展。主枝之叶常辐射伸展，两侧及下面之叶向上弯伸；叶针状，较短，长1.3～3cm，宽约2mm，横切面四棱形。球果成熟前绿色，熟时褐黄色，矩圆状圆柱形，长6～9cm，径2.5～3.5cm；种子倒卵圆形；种翅倒宽披针形，连种子长约1.3cm。花期4月，球果9月下旬至10月上旬成熟。

白杆与红皮云杉、青杆相似。但白杆叶较长，叶色较深，叶先端钝，小枝基部宿存芽鳞反卷；红皮云杉叶略短，叶色较深，叶先端急尖，小枝基部宿存芽鳞反卷；青杆叶较短，叶色较浅，小枝基部宿存芽鳞不反卷，以上特征可区分三者。

2. 资源价值

为华北地区高山上部主要的乔木树种之一。木材黄白色，材质较轻软，纹理直，结构细，可供建筑、电杆、桥梁、家具及木纤维工业原料用材。宜作华北地区高山上部的造林树种，亦可栽培作庭园树。生长很慢。

3. 研究现状

已实现人工栽培。

针对白杆已进行遗传多样性分析、莽草酸提取工艺研究、花粉形态观察、提取物抗氧化性分析、对空气污染物吸附能力比较等研究。

4. 2012—2016年与1978年植物分布区域比较

白杆作为优良的园林绿化植物，各地普遍栽培。1978年普查中发现，白杆在蔚县、涿鹿县、兴隆县等3个县区有分布。2012—2016年调查中仅对野生白杆进行记录，发现野生白杆主要分布在围场县境内，与1978年相比，分布区域明显减少。在分布区内，白杆多分布于山林中，数量较多，分布较为集中。

1978年调查中白杆分布区域   2012—2016年调查中白杆分布区域

5. 受威胁状况

已被列入《河北省重点保护野生植物名录》。

此次调查中，成熟植株数量为250～1 000株；分布点≤5，较少。

建议受威胁状态评价为：易危。

建议避免对野生植株的过度砍伐。

五、杨柳科

香杨 *Populus koreana* Rehd

1. 形态特征

乔木,高达30m,胸径1～1.5m。树冠广圆形;树皮幼时灰绿色,光滑,老时暗灰色,具深沟裂。小枝粗壮,带黄红褐色,具香气,完全无毛。芽大,长卵形或长圆锥形,具香气。叶椭圆形、椭圆状长圆形、椭圆状披针形及倒卵状椭圆形,短枝叶长9～12cm,边缘具细小的圆锯齿,上面暗绿色,有明显皱纹,下面带白色或稍呈粉红色;长枝叶较长5～15cm,宽8cm或更宽,叶柄长0.4～1cm。柔荑花序,雄蕊10～30,花药暗紫色;雌花序长3.5cm,无毛。蒴果绿色,卵圆形,无柄,无毛,2～4瓣裂。花期4月下旬至5月,果期6月。

香杨叶近卵形、椭圆形,叶柄上面多具凹槽,有时与小叶杨、青杨、小青杨叶相似。但香杨枝、叶具香气,叶上面密生皱纹,可与其他三者区分。

2. 资源价值

是东北东部林区高大粗壮林木之一。

3. 研究现状

对香杨杂交育种、扦插繁殖、组织培养、病虫害防治等方面已进行系统研究,对其解剖结构进行了系统观察。对利用香杨树叶提取精油进行了初步研究,香杨可作为潜在的香料资源。

4. 2012—2016年与1978年植物分布区域比较

1978年普查中发现,香杨在承德县有分布。2012—2016年调查发现,香杨在隆化县、平泉县有分布,与1978年相比,分布区域有所变化。在分布区内,香杨分布在山林中零星存在,数量极少。

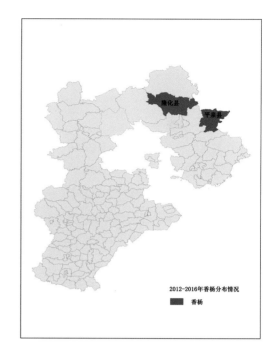

1978年调查中香杨分布区域　　　　　　　2012—2016年调查中香杨分布区域

5. 受威胁状况

已被列入《河北省重点保护野生植物名录》。

此次调查中，成熟植株数量少于 50 株，分布区≤ 5。

建议受威胁状态评价为：极危。

建议设立保护区，进行人工繁育，恢复野外种群数量，同时推广仿生种植。

六、胡桃科

核桃楸 *Juglans mandshurica* Maxim

1. 形态特征

落叶乔木，高达20m。树冠扁圆形或宽卵形。树皮灰色，浅纵裂。幼枝被短毛。奇数羽状复叶，长27～50cm；小叶9～17枚，长椭圆形至长椭圆状披针形，长6～18cm，基部歪形或圆形，边缘有细锯齿，上面初被柔毛，以后除中脉外，其余无毛，下面被柔毛及星状毛。雄性柔荑花序长9～27cm，腋生下垂，先叶开放；雌性穗状花序顶生，具5～10雌花，与叶同时开放。每个果序具2～5个果实；果实卵形或近球形，长3.5～7.5cm，直径3～5cm；果核长卵形或长椭圆形，暗褐色，长2.5～5cm，先端锐尖，表面有8条棱脊，各棱间具不规则皱曲及凹穴，壁内具多数不规则空隙。花期5月，果期8—9月。

核桃楸与野核桃相似，二者叶缘均有细密锯齿，但核桃楸小叶成长后，叶下常变无毛；且核桃楸果序短而俯垂，常具2～5个果实。野核桃小叶成长后，叶下密被短毛；果序长而下垂，常具6～10个果实。

2. 资源价值

为传统中药，树皮及未成熟果实外的青皮可入药，具明目、止痢、清热解毒、燥湿等功效。核桃楸材质坚硬致密，纹理通直，为珍贵材用树种之一。同时为绿化山区、庭院和道路的优良树种，为北方嫁接核桃的砧木。果实可食，有补肾、润肠功效。除食用外，还可制造上等油漆及绘画染料配剂；树皮及外果皮可提取单宁作鞣。

3. 研究现状

随着野生资源日渐稀少，人工规模化种植已开始出现，核桃楸的扦插、压条、组培快繁等技术已进行系统研究。

现代研究表明，核桃楸皮青果皮含胡桃叶醌，烯类、松香芹酮、松香芹醇等，具有消炎、抗菌、抗氧化、抗肿瘤的作用。核仁营养价值高，含脂肪60%～78%，蛋白质17%～27%，此外尚含胡萝卜素、核黄素、钙、磷、铁等多种营养物质。近年来发现，核桃楸果壳可制造纯度很高的活性炭，应用于化工行业。

4. 2012—2016 年与 1978 年植物分布区域比较

由于多年的封山育林，保护得当，核桃楸数量明显增加，多已成为自然群落。1978 年普查中发现，核桃楸在武安、沙县、邢台、内丘、临城、赞皇、元氏、井陉、平山、涞源、易县、蔚县、涞水、怀来、遵化等 15 个县区有分布。2012—2016 年核桃楸在武安、邢台、赞皇、平山、灵寿、阜平、唐县、涞水、怀来、赤城、丰宁、围场、滦平、承德、兴隆、宽城、青龙、迁西、迁安等 19 个县区均有分布，与 1978 年相比，分布区域明显增大。在分布区内，核桃楸多成片分布，数量较多。

1978年调查中核桃楸分布区域　　　　　　2012—2016年调查中核桃楸分布区域

5. 受威胁状况

已被列入《河北省重点保护野生植物名录》。

此次调查中，植物成熟个体数量＞1 000，分布地点＞5。

建议受威胁状态评价为：近危。

建议避免对野生植株的过度砍伐。

野核桃 *Juglans cathayensis* Dode

1. 形态特征

乔木或有时呈灌木状，高达 12 ～ 25m，胸径达 1 ～ 1.5m；幼枝灰绿色，被腺毛，髓心薄片状分隔。奇数羽状复叶，长 40 ～ 80cm，叶柄及叶轴被毛，具小叶 9 ～ 17 枚；小叶无柄，卵状矩圆形或长卵形，长 8 ～ 15cm，宽 3 ～ 7.5cm，边缘有细锯齿，两面均有星状毛，上面稀疏，下面浓密。雄性葇荑花序长 18 ～ 25cm，花序轴有疏毛。雌性花序排列成穗状，直立，生于当年生枝顶端，长可达 8 ～ 15cm，花序轴密生棕褐色毛。果序常具 6 ～ 10 个果或因雌花不孕而仅有少数，但轴上有花着生的痕迹；果实卵形或卵圆状，长 3 ～ 4.5cm，外果皮密被腺毛，顶端尖，内果皮坚硬，有 6 ～ 8 条纵向棱脊，棱脊之间有不规则排列的尖锐的刺状凸起和凹陷，仁小。花期 4—5 月，果期 8—10 月。

野核桃与核桃楸相似，二者叶缘均具细密锯齿。但野核桃小叶成长后，叶下密被短毛；果序长而下垂，常具 6 ～ 10 个果实。核桃楸小叶成长后，叶下常变无毛；果序短而俯垂，常具 2 ～ 5 个果实。

2. 资源价值

种子油可食用，亦可制肥皂，作润滑油；木材坚实，经久不裂，可制作各种家具。树皮和外果皮含鞣质，可作栲胶原料；内果皮厚，可制活性炭；树皮的韧皮纤维可作纤维工业原料。

3. 研究现状

野核桃具有疏肝理气、散结解毒等功能，民间用于治疗乳腺痛、乳腺癌、胃痛及痰气交阻之食道癌。通过体内外实验发现，野核桃叶、根皮乙醇粗提物具有较好的抗肿瘤活性，目前分离、鉴定其中化学成分 20 余种。

同时，对野核桃遗传多样性、遗传结构、亲缘关系、群落生态特性、生态因子对种群数量影响及种子表型多样性等内容进行了多方面研究，为核桃种质起源研究及资源保护等提供了理论参考。

4. 2012—2016 年与 1978 年植物分布区域比较

1978 年普查中发现，野核桃在唐县、怀来县、滦平县、迁西县、青龙县等 5 个县区有分布。2012—2016 年调查发现野核桃主要分布在承德县、涞源县境内，与 1978 年相比，分布区域较 1978 年略有变化且减少。在分布区内，野核桃多与核桃楸混生，数量较少。

1978年调查中野核桃分布区域

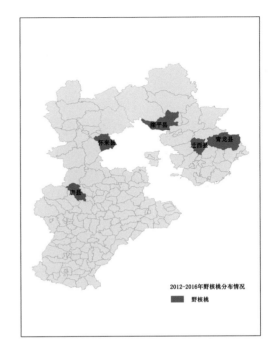

2012—2016年调查中野核桃分布区域

5. 受威胁状况

已被列入《河北省重点保护野生植物名录》。

此次调查中，成熟植株数量为 50 ～ 250 株，分布点 ≤ 5。

建议受威胁状态评价为：濒危。

建议设立保护区，进行人工繁育，恢复野外种群数量，同时推广仿生种植。

胡桃（核桃）*Juglans regia* L.

1. 形态特征

乔木，高达 20～25m；树冠广阔；树皮幼时灰绿色，老时则灰白色而纵向浅裂；小枝无毛，具光泽。奇数大头羽状复叶，长 25～30cm；小叶通常 5～9 枚，顶生小叶大，侧生小叶渐小；小叶椭圆状卵形至长椭圆形，长 6～15cm，宽 3～6cm，边缘全缘或在幼树上者具稀疏细锯齿；侧生小叶具极短的小叶柄或近无柄。雄性葇荑花序下垂，长 5～10cm；雄蕊 6～30 枚。雌性葇荑花序通常具 1～3 雌花。果序短，具 1～3 果实；果实近于球状，直径 4～6cm，无毛；果核稍具皱曲，有 2 条纵棱，顶端具短尖头；隔膜较薄，内里无空隙；内果皮内壁不规则皱曲。花期 5 月，果期 9—10 月。

胡桃具大头羽状复叶，叶缘全缘，易与本科其他植物区分。

2. 资源价值

种仁含油量高，可生食，亦可榨油食用；木材坚实，是很好的硬木材料。

3. 研究现状

种植技术成熟。

为药食同源植物，其枝、叶、外果皮、根皮、坚果内隔及果仁均可入药，有效成分主要是黄酮类、萜类、萘醌及其苷类、二芳基庚烷类、酚类、挥发油、有机酸类等，具有抗肿瘤、镇痛、抑菌、抗氧化、抑制酶活性、杀虫、降血糖、抗病毒、增强记忆力等多种生物活性。

利用分子技术，对胡桃等胡桃属植物进行分子系统发育和生物地理方面的研究，取得了一定结果。

4. 2012—2016 年与 1978 年植物分布区域比较

1978 年普查中发现，胡桃在河北省内普遍分布。2012—2016 年调查中，只将山林、荒地中无人养护的胡桃认定为野生胡桃，很多县区的栽培胡桃均未被记录。2012—2016 年调查中，胡桃主要分布在磁县、平山县、兴隆县境内，与1978年相比，分布区域明显减少。在分布区内，胡桃多分布于向阳的山坡、荒地上，数量较多。

1978年调查中胡桃分布区域

2012—2016年调查中胡桃分布区域

5. 受威胁状况

已列入《中国国家重点保护野生植物名录(第二批)讨论稿》及《河北省重点保护野生植物名录》。

此次调查中，植物成熟个体数量250～1000，分布地点＞5。

建议受威胁状态评价为：易危。

建议避免对野生植株的过度砍伐。

七、桦木科

千金榆 *Carpinus cordata* Bl.

1. 形态特征

落叶乔木，高达15m。树皮灰色，皮孔显著；芽为纺锤形，多数鳞片排成四列，鳞片鲜褐色。叶二列互生，叶卵形或卵状长圆形，长7～12cm，宽4～6cm，边缘有不规则刺毛状重锯齿，侧脉15～20对，上面凹陷，下面隆起。花单性，雌雄同株；雄花序生于前年枝顶，下垂，长6cm；果苞密集，覆瓦状排列，紫红色；苞鳞具柄，每苞鳞内有1朵雄花；雄花无花被；雄蕊10个以上插生于苞鳞的基部；雌花序生于新枝顶端，苞鳞覆瓦状排列，每苞鳞内有雌花两朵，雌花有花被；果序总状，长5～12cm，宽4cm，全部遮盖着小坚果。小坚果长圆形，长4～6mm，直径2mm，无毛，有不明显的细肋。

千金榆与鹅耳枥的叶形、花序相似，但千金榆叶较大，果苞排列紧密，侧脉15～20对；鹅耳枥叶小，侧脉仅10～12对，果苞排列疏松。据以上特征可区分二者。

2. 资源价值

冠形优美，枝叶紧密，秋叶美丽，落叶迟，适宜用作行道树和庭院树种。木材纹理美观，质坚韧，可作家具、农具、板材用；种子可榨油制皂。

3. 研究现状

研究了扦插、组织培养等繁殖技术体系。

对花序及器官发育进行了观察，研究了不同处理方式对千金榆种子萌发的影响。

4. 2012—2016年与1978年植物分布区域比较

1978年普查中发现，千金榆在武安、赞皇、涞源、丰宁、兴隆、宽城、隆化等7个县区有分布。2012—2016 年千金榆主要分布在武安、平山、阜平等 3 县境内，与 1978 年相比，分布区域明显减少。在分布区内，千金榆多分布于落叶林中，数量较少。

1978年调查中千金榆分布区域　　　　　2012—2016年调查中千金榆分布区域

5. 受威胁状况

已被列入《河北省重点保护野生植物名录》。

此次调查中，成熟植株数量为 50 ～ 250 株，分布点 ≤ 5，较少。

建议受威胁状态评价为：濒危。

建议设立保护区，进行人工繁育，恢复野外种群数量，同时推广仿生种植。

虎榛子 *Ostryopsis davidiana* Decne.

1. 形态特征

灌木，高 1～3m，树皮浅灰色；小枝具条棱，密被短柔毛。叶卵形或椭圆状卵形，长 2～6.5cm，宽 1.5～5cm，边缘具重锯齿，中部以上具浅裂；上面绿色，下面淡绿色，密被褐色腺点，脉腋间具簇生的髯毛；有叶柄。雄花序单生于小枝的叶腋，短圆柱形，长 1～2cm，直径约 4mm；花序梗不明显。雌花序生于当年生枝顶，有总花梗，每 6～14 朵花密集成簇，类总状；花柱深紫色，2 裂。果苞厚纸质，长 1～1.5cm，下半部紧包果实，上半部延伸呈管状，顶端 4 浅裂，成熟后果苞一侧开裂。小坚果宽卵圆形或近球形，长 5～6mm，直径 4～6mm，褐色。

2. 资源价值

树皮及叶含鞣质，可提取栲胶；种子含油，供食用和制肥皂；枝条可编农具，经久耐用。虎榛子耐旱、耐瘠薄、耐盐碱，是优良的固沙植物，对保护生态有重要作用。

3. 研究现状

目前，对虎榛子的生物学特性、生长发育习性、扦插繁殖、栽植管理、病虫害防治等优质栽培技术，以及组培快繁技术已进行了系统研究。

现代科技研究表明，虎榛子叶片中含有芳香化合物、萜烯

类、脂肪族化合物，可用于开发寄生昆虫栎黄枯叶蛾的植物源引诱剂。还有研究表明，虎榛子叶形多样，抗逆性好，可开发为地被绿化植物。

4. 2012—2016 年与 1978 年植物分布区域比较

1978 年普查中发现，虎榛子在武安、蔚县、遵化、承德、围场等 5 个县区有分布。2012—2016 年调查中发现，虎榛子主要分布在涞源、蔚县、阳原、万全、尚义、崇礼、围场等 7 个县区境内，与

1978 年相比，分布区域略有增大。在分布区内，虎榛子多于山坡上成片分布，数量较多。

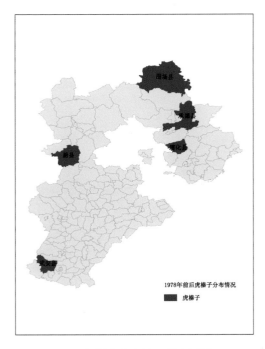

1978年调查中虎榛子分布区域

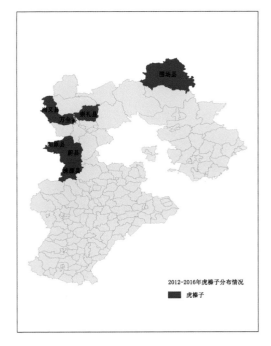

2012—2016年调查中虎榛子分布区域

5. 受威胁状况

已列入《河北省重点保护野生植物名录》。

此次调查中，植物成熟个体数量＞1 000，分布点＞5。

建议受威胁状态评价为：近危。

建议避免对野生植株的过度砍伐。

八、榆科

青檀 *Pteroceltis tatarinowii* Maxim.

1. 形态特征

乔木，高可达 20m 以上，胸径达 70cm 以上；树皮灰色或深灰色，不规则的长片状剥落；小枝黄绿色，干时变栗褐色；冬芽卵形。叶互生，宽卵形至长卵形，长 3～10cm，宽 2～5cm，先端渐尖至尾状渐尖，基部不对称，楔形、圆形或截形，边缘有不整齐的锯齿，基部 3 出脉，侧出的一对近直伸达叶的中上部，侧脉 4～6 对；叶柄长 5～15mm。翅果状坚果，近圆形或近四方形，直径 10～17mm，黄绿色或黄褐色，翅宽，有放射线条纹，具宿存的花柱和花被，果梗纤细，长 1～2cm。花期 3—5 月，果期 8—10 月。

单叶、互生、卵形叶且叶缘有锯齿的乔木较多，叶上具三主脉，且具单生的、近圆形或近四方形翅果，是青檀的重要识别特征。

2. 资源价值

是我国特有的单种属树种。树皮纤维为制宣纸的主要原料；木材坚硬细致，可供作农具、车轴、家具和建筑用的上等木料；种子可榨油；可供观赏用。

3. 研究现状

人工栽培技术日趋成熟，可用种子、扦插、嫁接的方式进行繁殖，也可利用组培快繁技术获得苗木。对其抗寒、抗盐等抗逆性能进行了初步研究，对种群生态学、种群遗传多样性、遗传结构及诱变育种进行了系统研究。

4. 2012—2016 年与 1978 年植物分布区域比较

1978 年普查中发现，青檀在涞水、易县、井陉等 3 个县区有分布。2012—2016 年调查中发现，青檀主要分布在涉县、易县境内，与 1978 年相比，分布区域略有变化和减小。在分布区内，青檀多于山坡上零星分布，数量较少。

1978年调查中青檀分布区域

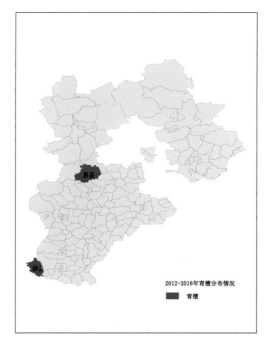

2012—2016年调查中青檀分布区域

5. 受威胁状况

已列入《中国国家重点保护野生植物名录（第二批）讨论稿》及《河北省重点保护野生植物名录》。

此次调查中，成熟植株数量为 50～250 株，分布点 ≤ 5。

建议受威胁状态评价为：濒危。

建议设立保护区，进行人工繁育，恢复野外种群数量，同时推广仿生种植。

九、领春木科

领春木 *Euptelea pleiospermum* Hook. f. et Thoms.

1. 形态特征

落叶灌木或小乔木，高 2～15m；树皮紫黑色或棕灰色；小枝无毛；芽卵形，鳞片深褐色，光亮。单叶互生，卵形或近圆形，少数椭圆卵形或椭圆披针形，长 5～14cm，宽 3～9cm，先端渐尖，有 1 突生尾尖，长 1～1.5cm，基部楔形或宽楔形；中上部叶缘疏生锯齿，下部或近基部全缘；侧脉 6～11 对。花丛生，早春先叶开放；花梗长 3～5mm；苞片早落，无花被；雄蕊 6～14 枚，花药红色，比花丝长，药隔顶端延长成附属物，长 0.7～2mm；心皮 6～12，离生，子房歪形。果实为翅果；种子黑色。花期 4—5 月，果期 7—8 月。

单叶、互生、卵形叶且叶缘有锯齿的乔木较多。叶上部有锯齿、下部全缘，叶先端渐尖、有 1 突生尾尖，早春先花后叶，花药红色、似花瓣鲜艳，是领春木的重要识别特征。

2. 资源价值

是古老的孑遗珍稀植物，可用于观赏、绿化。

3. 研究现状

对其引种栽培和人工繁殖已进行初步研究。通过比较生长状况，探讨领春木在城市园林绿化中的应用前景和存在的问题；通过比较解剖结构、导管的穿孔板、导管纹孔膜残留、花形态的发生和发育及孢粉学特征等方面，对其系统分类地位进行了研究；采用静态生命表、存活曲线、死亡率曲线等方法对不同生境的领春木种群结构与动态进行了分析研究。

4. 2012—2016 年与 1978 年植物分布区域比较

1978 年普查中发现，领春木在涉县、武安县有分布。2012—2016 年调查发现，领春木主要分布在武安县境内，与 1978 年相比，分布区域明显减少。分布区内仅有零星分布，数量较少。

1978年调查中领春木分布区域　　　　　　　　2012—2016年调查中领春木分布区域

5. 受威胁状况

已列入《中国国家重点保护野生植物名录(第二批)讨论稿》及《河北省重点保护野生植物名录》。

此次调查中，成熟植株数量为 50～250 株，分布点≤5。

建议受威胁状态评价为：濒危。

建议设立保护区，进行人工繁育，恢复野外种群数量，同时推广仿生种植。

十、石竹科

美丽老牛筋（小五台蚤缀）*Arenaria formosa* Fisch. ex Ser.

1. 形态特征

多年生草本，密丛生，高 2～10cm。主根较硬，木质化，支根纤细。茎直立，基部密集枯萎的褐色老叶残基，中、上部被白色腺柔毛，近花序处尤密。叶片线形或线状钻形，长 1.5～4cm，宽约 1mm，基部较宽，连合成短鞘，边缘平展不卷，顶端渐尖。花 1～3 朵，呈聚伞状；苞片卵状披针形，长 2～3mm，宽 1～1.5mm；萼片 5；花瓣 5，白色，倒卵形或倒卵状长圆形，长 8～12mm；花盘具 5 个腺体，生于与萼片对生的花丝基部，圆形，淡褐色；雄蕊 10，5 长，5 短；子房倒卵形，花柱 3。花期 7—8 月。

美丽老牛筋与灯芯草蚤缀、毛梗蚤缀叶形、花色相似，但后二者均比美丽老牛筋高大一些，基生叶也略长，且均不呈垫状。

2. 资源价值

野生花卉资源。

3. 研究现状

未见研究报道。

4. 2012—2016 年与 1978 年植物分布区域比较

1978 年普查中发现，美丽老牛筋在兴隆县、蔚县有分布。2012—2016 年调查发现，美丽老牛筋主要分布在康保县、尚义县境内，与 1978 年相比，分布区域变化明显。如在花期后进行调查，美丽老牛筋植株矮小，不易分辨，会影响对其分布区域的确定。在分布区内，美丽老牛筋多分布于丘陵、陡坡上，数量较少。

1978年调查中美丽老牛筋分布区域

2012—2016年调查中美丽老牛筋分布区域

5. 受威胁状况

已列入《河北省重点保护野生植物名录》。

此次调查中，成熟植株数量为 50 ～ 250 株，分布点≤5。

建议受威胁状态评价为：濒危。

建议设立保护区，进行人工繁育，恢复野外种群数量，同时推广仿生种植。

十一、睡莲科

莲 *Nelumbo nucifera* Gaertn.

1. 形态特征

多年生水生草本。根状茎横生，肥厚，节间膨大，内有多数纵行通气孔道，节部缢缩，上生黑色鳞叶，节部生有须状不定根。叶革质，漂浮或伸出水面，圆形，直径 25～90cm，叶脉从中央射出；叶柄粗壮，着生于叶片背面中央。花伸出水面，单生于花梗顶端；花直径 10～20cm，美丽，芳香；萼片小，4～5，早落；花瓣多数，红色、粉红色或白色，长圆状椭圆形至倒卵形，长5～10cm，宽 3～5cm，由外向内逐渐变小，有时渐变形成雄蕊；雄蕊多数，先端具附属物，着生花托下；心皮多数，离生，着生于倒圆锥形花托的穴内，子房上位，每心皮有 1 胚珠。坚果革质，坚硬，熟时黑褐色；种子卵圆形或椭圆形，长 1.2～1.7cm，种皮红色或白色，无胚乳。花期 6—8 月，果期 8—10 月。

莲与睡莲均生长于水面，有些相似。但莲叶大，叶为圆形，叶柄长在叶缘以内；睡莲叶小，叶基部形成深弯缺，叶柄长在叶缘上。

2. 资源价值

叶、叶柄、花、雄蕊、花托及种子均可入药。根状茎又称藕，可作蔬菜或制藕粉；种子供食用；叶可作包装材料；花大、美丽，供观赏。

3. 研究现状

目前对莲藕种植、加工条件、储存褐变、赏食兼用等新品种培育、组织培养等方面均进行较系统研究。

同时，现代科技研究表明，莲藕含有丰富的膳食纤维、蛋白质、脂质、黄酮等，具有抗炎、降脂、降血压、降血糖、抗艾滋和抑菌作用等；荷叶主要含有黄酮、降倍半萜、生物碱、挥发油等化学成分，以莲为原料的减肥降脂、降血压、祛痰止咳等药品、保健品日益丰富，莲藕加工食品，如藕粉、莲藕脆片、莲藕汁发酵酸奶等也发展较快。工业中，莲藕基活性炭也受到重视。

4. 2012—2016 年与 1978 年调查结果比较

1978 年普查中发现，莲在全省均有栽培，但无人养护的野生莲主要分布在安新县、曹妃甸。2012—2016 年调查中，仅记录了野生莲，其主要分布区为安新县、曹妃甸。在分布区内，野生莲多分布于淀区、河道中，数量较多。

1978年前后野生莲　　　　　　　　　　2012—2016年调查中莲分布区域

5. 受威胁状况

已列入《中国国家重点保护野生植物名录(第二批)讨论稿》及《河北省重点保护野生植物名录》。

目前在分布地区内，植物数量较多，植物成熟个体数量＞1 000，分布点＞5。

建议受威胁状态评价为：近危。

建议避免对野生植株的过度采挖，同时加强对其种植病害的研究。

睡莲 *Nymphaea tetragona* Georgi

1. 形态特征

多年生水生草本。根状茎粗短，生多数须根及叶。叶漂浮，薄革质，心状卵圆形或卵状椭圆形，长5～18cm，宽3.5～15cm，基部具深弯缺，约占叶片全长的1/3，裂片急尖，开展，全缘，上面深绿色，光亮，下面带红色或紫色，两面无毛；叶柄细长，圆柱形。花单生于花梗顶端，花梗细长，无毛；花萼基部四棱形；萼片4，绿色；花瓣8～15，有白、粉、黄、蓝等多种颜色，花瓣长2～2.5cm，先端稍圆钝，有不明显纵条纹，内轮不变形成雄蕊；雄蕊多数，较花瓣短，花药线形，长3～5mm，先端无附属物；子房半下位，凹陷，柱头5～8，放射状。浆果球形，为宿存萼片包裹；种子多数，椭圆形，黑色。花期6—8月，果期8—10月。

睡莲叶漂浮水面时，与萍蓬草、莕菜、水鳖相似。睡莲叶两面无毛，下面红色或紫色；萍蓬草叶下面密生柔毛。睡莲固着生活，水面仅可见叶柄、叶片；莕菜漂浮生活，可见漂浮的根及茎。水鳖叶背面有一膨大隆起的贮气组织，其他植物无此结构。

2. 资源价值

根状茎药食两用，入药为强壮剂；可食用或酿酒。全草可作绿肥。为良好的水生观赏植物，亦可作为盆栽观赏和切花材料。

3. 研究现状

常见栽培，人工栽培技术成熟。研究发现，睡莲活性成分具有抗菌、抗氧化、抗辐射、保护神经、降血压及降血糖等多种作用。

4. 2012—2016年与1978年调查结果比较

各地人工栽培睡莲较多。1978年普查及2012—2016年调查中发现，野生睡莲主要分布在安新县，分布区域无变化。在分布区内，野生睡莲分布于淀区，数量极少。

1978年调查中睡莲分布区域   2012—2016年调查中睡莲分布区域

5. 受威胁状况

已列入《河北省重点保护野生植物名录》。

此次调查中，成熟植株数量为 50 ～ 250 株，分布点≤ 5。

建议受威胁状态评价为：濒危。

建议设立保护区，恢复野外种群数量。

芡实 *Euryale ferox* Salisb. ex Konig et Sims

1. 形态特征

一年生水生草本；根状茎短。初生叶马蹄形，沉没于水下，长 4～10cm，表面绿色，背面紫色；两面无刺；次生叶漂浮水面，革质，圆状盾形，直径 10～130cm，表面深绿色，有皱褶，背面暗紫色，叶脉凸起，两面在叶脉分枝处有尖刺；叶柄圆柱形，有硬刺。花单生，花梗粗壮，密生硬刺；萼片 4，生于花托边缘，披针形，肉质，外面绿色，内面紫色，密生硬刺；花瓣多数；紫红色，排成数轮，向内渐变成雄蕊，长 1.5～2cm；雄蕊多数；心皮 8，8 室，子房下位。浆果球形，多刺，直径 3～5cm，鸡头状；种子球形，直径约 10mm，有肉质假种皮，成熟时黑色，种皮坚硬，胚乳粉质。花期 7—8 月，果期 8—9 月。

水生，叶大，浮水叶、叶柄、花梗、萼片、浆果上密布硬刺，是芡实的识别特征。

2. 资源价值

种子含淀粉，药食两用，入药具有益肾固精、补脾止泻、祛湿止带的功效，素有"水中人参"和"水中桂圆"的美称；可造酒及制副食品。全草可为猪饲料，又可作绿肥。

3. 研究现状

人工栽培技术成熟，利用大棚进行芡实—水芹、芡实—泥鳅等高效栽培新模式，取得良好的经济收益。

研究发现芡实营养价值较高，含有糖脂类、多酚类化合物，具收敛功效，有降血糖、降血压、改善心肌细胞缺血情况，可提高心室功能，减小梗死面积，同时还有抗氧化、抗菌、抗病毒等良好效果。

4. 2012—2016 年与 1978 年调查结果比较

本植物为一年生植物，因果实具良好保健功能，常被过度采收，造成野外数量急剧变化。

1978 年普查及 2012—2016 年调查中发现，野生芡实主要分布在安新县，分布区域无变化。在分布区内，野生芡实分布于湖区、淀区，目前数量极少。

1978年调查中芡实分布区域

2012—2016年调查中芡实分布区域

5. 受威胁状况

已被列入《河北省重点保护野生植物名录》。

此次调查中，成熟植株数量为 50 ～ 250 株，分布点≤ 5。

建议受威胁状态评价为：濒危。

建议设立保护区，进行人工繁育，恢复野外种群数量，同时推广人工种植。

十二、毛茛科

升麻 *Cimicifuga foetida* L.

1. 形态特征

多年生草本。根茎粗壮，黑褐色。茎单一直立，高达1m，无毛。叶二至三回羽状复叶，顶生小叶较宽大，卵形或菱形，长6～13cm，宽4～13cm，3深裂至3浅裂；侧生小叶椭圆形，披针状卵形或歪卵形，长6.5～12cm，宽2～7cm，小叶基部近截形至近圆形，稀为宽楔形或微心形，先端渐尖，边缘有不整齐的缺刻状牙齿。复总状花序，分枝多；雌雄异株，雄花序较雌花序长，可达30cm以上，花轴和花梗密生短柔毛和腺毛；萼片5，花瓣状，白色，早落；雄蕊多数；心皮数个。蓇葖果倒卵状椭圆形或长圆形，长7～8mm，宽3～5mm。花期7—8月，果期8—9月。

升麻与单穗生麻、类叶升麻、假生麻、红升麻在株高、叶形、花序类型上有些相似。但升麻具复总状花序，花序分枝多；单穗生麻为总状花序，花序基本不分枝。升麻一朵花中常见5个离生雌蕊；类叶升麻仅具一个雌蕊，通常认为类叶升麻毒性较大，不可做野菜食用；假生麻为蔷薇科植物，具3个离生雌蕊。升麻花为白色，红升麻为虎耳草科植物，花为红色。以上特征，可分几种植物。

2. 资源价值

升麻是药食同源植物，根茎药用，具有清热解毒、升举阳气的功效，用于治疗风热头痛、咽喉肿痛、子宫脱垂、麻疹不透、脱肛等症；其嫩茎鲜嫩，可作野菜。根茎可作兽药；又可作农药，对马铃薯块茎幼虫、大豆蚜虫有防治作用。

3. 研究现状

人工栽培技术成熟，效益良好。

升麻提取物中含有三萜及其苷类、酚酸类及其衍生物、挥发油等，对人肝癌细胞、人乳腺癌细胞、人神经胶质瘤细胞、血液瘤、人白血病细胞等均有较好抑制生长的作用；有良好的骨保护功能，可有效地拮抗骨质疏松，在骨密度及最大荷载、挠度、破坏载荷等指标上均表现有良好的骨保护效应。有人用外用升麻制剂治疗高血压。

4. 2012—2016 年与 1978 年调查结果比较

作为野菜，经济价值较高，过度采摘对野外种群威胁较大。

1978 年普查中发现，升麻分布在赞皇、平山、阜平、涞源、蔚县、涿鹿、赤城、围场、兴隆、迁西、青龙等 11 个县区中。2012—2016 年调查中发现，升麻分布在武安、平山、阳原、滦平、青龙等 5 个县区中，与 1978 年相比，分布区域明显减少。在分布区内，升麻分布于林下，数量较少。

1978年调查中升麻分布区域　　　　　2012—2016年调查中升麻分布区域

5. 受威胁状况

已被列入《河北省重点保护野生植物名录》。

此次调查中，成熟植株数量为 50 ～ 250 株，分布点 ≤ 5，较少。

建议受威胁状态评价为：濒危。

建议设立保护区，恢复野外种群数量，同时推广仿生种植。

白头翁 *Pulsatilla chinensis* (Bunge) Regel

1. 形态特征

多年生草本，高 15 ~ 35cm，全体有长柔毛。主根肥大，圆锥形，有粗糙不整齐的纵裂，茎部常分枝。茎基部有旧残存叶柄。基生叶密被开展长柔毛，叶片三全裂，顶端小叶有柄，宽倒卵形，长 4 ~ 6cm，3 深裂，裂片顶端有 2 ~ 3 圆齿；侧生小叶无柄或近无柄，倒卵形，2 ~ 3 深裂；叶有长柄，长可达 20cm。花葶单生，直立；总苞 2 ~ 3，叶状，密被长柔毛，轮生于花葶上，花葶在花后伸长，与苞叶远离。花钟形，紫色或蓝紫色；萼片 6，向上开展，卵状长圆形，长 3 ~ 4cm，宽 1 ~ 1.5cm，外面密生长柔毛，里面无毛；雄蕊多数；心皮多数，除花柱上部外，密生白色长柔毛，花柱细长紫色。瘦果多数聚成头状，长约 2mm，花柱长达 6cm，密生白色羽毛。花期 4—5 月，果期 6—7 月。

草本，植株低矮，全体有长柔毛，花紫色，是白头翁识别特征。

2. 资源价值

为传统中药，根入药，为治痢要药，具有清热解毒、凉血止痢、消炎镇痛、镇静、抗痉、收敛止泻等功效；又可作土农药。

3. 研究现状

白头翁耐贫瘠，管理粗放，已可进行规模化人工栽培。

现代研究表明，白头翁主要活性成分为白头翁皂苷，具有抗肿瘤作用，可抑制黑色素瘤、胰腺癌、肝癌、人白血病细胞生长，可降低大肠癌发生率；有抗氧化及增强动物免疫力作用；同时可抗寄生虫，可杀死阴道滴虫。

4. 2012—2016 年与 1978 年调查结果比较

1978 年普查中发现，白头翁在邯郸、邢台、石家庄、保定、张家口、承德、唐山等 7 市所辖县区内广泛分布。2012—2016 年调查中，白头翁分布在涉县、涞源、涞水、兴隆、迁安等 5 个县区中，与 1978 年相比，分布区域明显减少。在分布区内，白头翁分布于丘陵、坡地，数量较多。

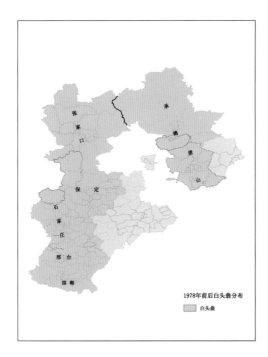

1978年调查中白头翁分布区域

2012—2016年调查中白头翁分布区域

5. 受威胁状况

已被列入《河北省重点保护野生植物名录》。

此次调查中，成熟植株数量为 250～1 000 株，分布点＞5。

建议受威胁状态评价为：易危。

建议设立保护区，进行人工繁育，恢复野外种群数量，同时推广仿生种植。

金莲花 *Trollius chinensis* Bunge

1. 形态特征

多年生草本，无毛，高 30～70cm。茎不分枝，有纵棱纹，基部有旧叶纤维。有基生叶和茎生叶，基生叶片近 5 角形，3 全裂，中裂片菱状椭圆形，裂片又 3 深裂，小裂片有缺刻状牙齿，侧裂片 2 深裂至基部，菱形或歪卵形，小裂片也有缺刻状牙齿；茎生叶 2～3，叶片与基生叶近同形；基生叶有长柄，茎生叶柄较短。花单生于茎顶，花梗长 3～5cm，花金黄色，大，径约 4cm；萼片广椭圆形或倒卵圆形，长约 2cm，宽约 1.1cm，蜜叶狭条形，与萼片近等长，宽约 2mm；雄蕊多数，花丝丝状，花药线形；雌蕊多数。蓇葖果长 1～1.2cm。花期 6 月，果期 7—8 月。

金莲花与银莲花叶形相似，但金莲花花单生于茎顶，银莲花茎顶有花葶 2～6。

2. 资源价值

传统中药，花入药，具明目、清热解毒之功效，主治口疮、咽喉肿痛、扁桃体炎、目痛、上感、耳疼、急性中耳炎等症。花大美丽，具较高的观赏价值，可用于园林景观、公共绿化。嫩茎、花蕾和新鲜的种子，可做食品的调味料。绿色的种荚，可以腌渍泡菜；花可制茶。

3. 研究现状

已有成熟人工栽培技术，且金莲花的花产量和总黄酮含量均高于野生金莲花。组培快繁技术已初步研究，但目前未呈规模化种植。

现代研究表明，金莲花含有黄酮类、有机酸类、生物碱类等成分，具有抑菌、抗病毒、抗炎、抗肿瘤、抗氧化、降压和解痉作用；叶中含有铁和维生素，对胃溃疡和坏血病有治疗效果。在金莲花提取工艺的研究中发现，提取时间、溶剂浓度对总黄酮提取率有很大影响，醇提法优于水提法等其他方法。金莲花已被制成多种制剂用于临床，可治疗呼吸道感染，泌尿系统感染、慢性咽炎等症。金莲花的茎、叶和果实，还可提取精油，工业生产上，是染发产品的重要原料之一。

4. 2012—2016 年与 1978 年调查结果比较

金莲花根、茎、叶及花均有重大医药或经济价值，市场需求大，因各地栽培面积小，无法满足供应。目前在野外，游客、药商的采摘极大影响金莲花的有性繁殖；同时，药商还常常整株采挖金莲花，这使得金莲花的营养繁殖受到干扰。由于以上原因，金莲花种群数量在急剧减少。

1978 年普查中发现，金莲花在平山县、涞源县、蔚县、赤城县、兴隆县等 5 县区内分布。2012—2016 年调查中发现，金莲花分布在崇礼县、沽源县、围场县、平泉县等 4 个县区中，与1978年相比，分布区域变化明显。在分布区内，金莲花分布于较高海拔的丘陵、坡地，数量较多。

1978年调查中金莲花分布区域

2012—2016年调查中金莲花分布区域

5. 受威胁状况

已被列入《河北省重点保护野生植物名录》。

此次调查中，成熟植株数量为 250～1 000 株，分布点＞5。

建议受威胁状态评价为：易危。

建议设立保护区，鼓励规模化人工种植。

冀北翠雀花 *Delphinium siwanense* **Franch.**

1. 形态特征

茎高约 1m，无毛，多分枝，等距地生叶。茎下部叶在开花时枯萎，中部叶有稍长柄；叶片五角形，长 2.8～8cm，宽 4.8～13cm，三全裂近基部，中央全裂片三深裂或不裂，侧全裂片扇形，不等二深裂，二回裂片不等二至三裂，末回小裂片稀疏，披针形至条形，宽 2.5～6mm，两面均被白色短伏毛；叶柄长 4.5～10cm。伞房花序有 2～7 花，顶端 5～6 朵常排列成伞状；苞片三裂或不裂而呈线形；花梗长 1.5～3cm，密被反曲而贴伏的白色短柔毛；小苞片生花梗中部上下，线形或钻形，长 2.5～5mm；花两侧对称，萼片宿存，蓝紫色，椭圆状卵形，长 1.2～1.7cm，外面被短柔毛；距钻形，比萼片稍长，长 1.6～1.8cm，直或末端稍向下弯曲；花瓣上部黑褐色，无毛；退化雄蕊的瓣片黑褐色，有时上部蓝色，二浅裂，腹面中央有淡黄色髯毛；雄蕊无毛；心皮 3，子房有短柔毛。蓇葖果长约 1.2cm；种子圆锥形，长约 1.5mm，暗褐色，密生鳞状横翅。8—9 月开花。

冀北翠雀花与飞燕草属及本属其他植物相似，都具有叶片全裂、花两侧对称、花色为蓝紫色等特征。但冀北翠雀花叶片全裂，花两侧对称，花色为蓝紫色，花瓣 2 分离，退化雄蕊 2，形成的瓣片黑褐色，心皮 3，以上特征可将冀北翠雀花与其他相似植物区分。

2. 资源价值

河北省特有物种。野生花卉。

3. 研究现状

未见报道。

4. 2012—2016 年与 1978 年调查结果比较

1978 年普查中发现，冀北翠雀花仅分布在赤城县。2012—2016 年调查中发现，冀北翠雀花分布在崇礼县、沽源县中，与 1978 年相比，分布区域变化明显。在分布区内，冀北翠雀花零星分布于较高海拔的山林、坡地，数量较少。

1978年调查中冀北翠雀花分布区域

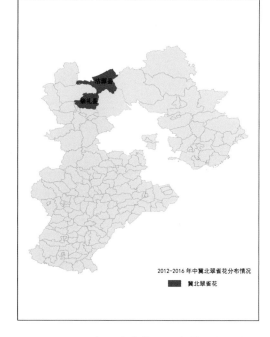

2012—2016年调查中冀北翠雀花分布区域

5. 受威胁状况

已列入《河北省重点保护野生植物名录》。

此次调查中，成熟植株数量少于 50 株，分布点≤ 5。

建议受威胁状态评价为：极危。

建议设立保护区，进行人工繁育，恢复野外种群数量，同时推广仿生种植。

银莲花 *Anemone cathayensis* Kitag.

1. 形态特征

多年生草本，高 15 ～ 60cm。根茎粗壮，须根多数，暗褐色。叶基生 4 ～ 8，叶片轮廓圆肾形，有时卵圆形，基部深心形，长 2 ～ 6cm，宽 4 ～ 7cm，掌状 3 全裂；中裂片宽菱形或菱状倒卵形，又 3 裂；小裂片上部再 2 ～ 3 裂，侧裂片歪卵形或菱形，最终裂片有缺刻状牙齿，叶两面无毛，仅在基部近叶柄处和边缘疏生白色柔毛；叶有长柄，柄长 10 ～ 35cm；苞叶 5，无柄，长 3 ～ 4.5cm，菱形或倒卵形，不等分裂。花葶无毛或近无毛，长 17 ～ 40cm，花梗自总苞叶间抽出，花梗 2 ～ 5，呈伞形花序状或单花，顶生，果期花梗长可达 9cm。花白色，径 2.5 ～ 3.5cm；萼片通常 5，有时 8，倒卵形，长 1.5 ～ 2cm；心皮无毛。瘦果无毛，扁平，宽倒卵形或近圆形，长约 6mm，宽 5 ～ 5.5mm，先端有稍弯的喙。花期 5—6 月，果期 7—9 月。

银莲花与金莲花叶形相似，但金莲花花蕾单生于茎顶，花黄色；银莲花茎顶有花葶 2 ～ 6，花白色。

2. 资源价值

供作观赏花卉。花大洁白，清雅脱俗。在园林中可栽于林缘、草坡、花坛等处。全草有毒。

3. 研究现状

现代研究表明，银莲花有很好的药用价值。银莲花含原白头翁素和白头翁素，可用于制作抗菌药物的原材料；银莲花可以抑制肺癌、乳腺癌、肾癌以及白血病等癌细胞的生长，在治疗癌症方面有潜在的药用价值；同时银莲花对治疗风湿病作用显著。

4. 2012—2016 年与 1978 年调查结果比较

1978 年普查中发现，银莲花分布在武安县、蔚县、怀来县、崇礼县等 4 县。2012—2016 年调查中发现，银莲花仅在崇礼县有分布，与 1978 年相比，分布区域明显减少。在分布区内，银莲花多在向阳的山林、坡地分布，数量较少。

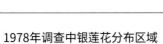

1978年调查中银莲花分布区域   2012—2016年调查中银莲花分布区域

5. 受威胁状况

已列入《河北省重点保护野生植物名录》。

此次调查中，成熟植株数量少于 50 株，分布点≤ 5。

建议受威胁状态评价为：极危。

建议设立保护区，进行人工繁育，恢复野外种群数量，同时推广仿生种植。

十三、木兰科

（北）五味子 *Schisandra chinensis* (Turcz.) Baill.

1. 形态特征

落叶木质藤本，除幼叶背面被柔毛及芽鳞具缘毛外余无毛；幼枝红褐色，老枝灰褐色，常起皱纹，片状剥落。单叶互生，叶宽椭圆形，卵形、倒卵形、宽倒卵形，或近圆形，长 5～10cm，宽 3～5cm，先端急尖，基部楔形，上部边缘具疏浅锯齿，近基部全缘；叶柄两侧由于叶基下延成极狭的翅。雌雄异株，花单生或簇生叶腋，花被片 6～9，长圆形或椭圆状长圆形，长 6～11mm，宽 2～5.5mm，乳白色或粉红色；雄花具雄蕊 5 枚，无花丝或外 3 枚雄蕊具极短花丝；雌花中雌蕊群近卵圆形，心皮 17～40，离生。成熟时花托渐渐伸长，聚合果呈穗状；小浆果红色，近球形或倒卵圆形，径 6～8mm；种子 1～2 粒。花期 5—7 月，果期 7—10 月。

2. 资源价值

为著名中药，其果含有五味子素及维生素 C、树脂、鞣质及少量糖类。有敛肺止咳、滋补涩精、止泻止汗之效。其叶、果实可提取芳香油。种仁含有脂肪油，榨油可作工业原料、润滑油。茎皮纤维柔韧，可做绳索。

3. 研究现状

人工栽培技术日益成熟，可用种子的方式进行繁殖。

五味子中含有多种化学成分，主要有木脂素、三萜、黄酮、挥发油、多糖、有机酸等。

4. 2012—2016 年与 1978 年调查结果比较

1978 年普查中发现，五味子分布在丰宁、滦平、兴隆、隆化、承德、青龙等 6 县区。2012—2016 年调查中发现，五味子在内丘、赞皇、井陉、阜平、涞源、蔚县、涿鹿、承德、兴隆、遵化等 10 个县区有分布，与 1978 年相比，分布区域增大。在分布区内，五味子多在阴坡或郁闭的林下零星存在，数量较少。

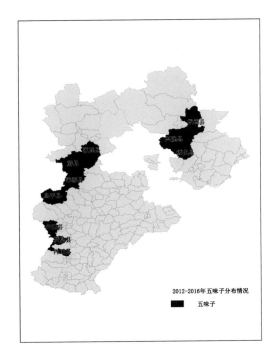

1978年调查中五味子分布区域　　　　2012—2016年调查中五味子分布区域

5. 受威胁状况

已列入《中国国家重点保护野生植物名录(第二批)讨论稿》及《河北省重点保护野生植物名录》。

此次调查中，成熟植株数量为50～250株，分布点＞5。

建议受威胁状态评价为：濒危。

建议设立保护区，进行人工繁育，恢复野外种群数量，同时推广仿生种植。

天女木兰 *Magnolia sieboldii* K. Koch

1. 形态特征

落叶小乔木，高可达 10m，当年生小枝淡灰褐色，初被银灰色平伏长柔毛。单叶互生，倒卵形或宽倒卵形，长 9～15cm，宽 4～9cm，先端骤狭急尖或短渐尖，基部阔楔形、钝圆、平截或近心形，下面苍白色，通常被褐色及白色短柔毛，有散生金黄色小点，中脉及侧脉被白色长绢毛，侧脉每边 6～8 条，叶柄长 1～4cm，被褐色及白色平伏长毛，托叶痕明显。花与叶同时开放，白色，芳香，盛开时碟状，直径 7～10cm；花梗长 3～7cm，密被褐色及灰白色平伏长柔毛；花被片 9，近等大，长圆状倒卵形或倒卵形，长 4～6cm，宽 2.5～3.5cm，外轮 3 片粉红色，内两轮 6 片白色；雄蕊多数，紫红色；心皮少数。聚合蓇葖果熟时红色，倒卵圆形或长圆体形，长 2～7cm；蓇葖狭椭圆体形，长约 1cm；种子心形，外种皮红色，内种皮褐色。

天女木兰树形、叶形与玉兰、紫玉兰相似。但天女木兰花叶同放或叶后开花，且外轮花被片有时略粉红色，内轮为白色；后二者盛花期均为先花后叶，花被片的颜色一致。

2. 资源价值

木材可制农具，花可提取芳香油。花色美丽，具长花梗，随风招展，为著名中外的庭园观赏树种。花入药，可制浸膏。

3. 研究现状

已建立种子萌发、组织培养、扦插繁育及培育等人工栽培技术。进行了花期预报模型构建的研究，对其遗传多样性、多酚类等活性物质的季节变化规律进行了初步研究。对色素、精油及其他活性物质的提取工艺进行了初步研究。

4. 2012—2016 年与 1978 年调查结果比较

1978 年调查发现，天女木兰在青龙县、宽城县有分布。2012—2016 年调查发现，天女木兰主要分布于青龙县，与 1978 年相比，分布区域减少。在分布区内，天女木兰多分布于山林、坡地，数量较少。

1978年调查中天女木兰分布区域　　　　2012—2016年调查中天女木兰分布区域

5. 受威胁状况

已列入《河北省重点保护野生植物名录》。

此次调查中，成熟植株数量少于 50 株，且仅发现 1 个分布点。

建议受威胁状态评价为：极危。

建议设立保护区，在就地保护和迁地保护的同时，进行人工繁育，恢复野外种群数量，同时推广仿生种植，这样河北省的天女木兰才能彻底摆脱濒临灭绝的危机。

十四、十字花科

雾灵香花芥 *Hesperis oreophila* Kitag

1. 形态特征

多年生草本，高25～80cm；根粗，本质化，具分枝。茎直立，单一，坚硬，稍有棱角，不分枝或上部分枝，逆生长3～4mm的硬毛及水平伸展的短毛。基生叶倒披针形或宽条形，长4.5～6cm，宽7～15mm，顶端急尖或短渐尖，基部渐狭，边缘有浅齿，两面及叶柄有长硬毛及短毛；叶柄长5～6cm；茎生叶无柄，叶片卵状披针形或卵形，长4～15cm，宽1.5～5cm，基部宽楔形，近抱茎，有尖齿、波状齿或尖锐锯齿。总状花序顶生，直立；花直径1.5～3cm，紫色，外面有短柔毛；花瓣倒卵形，长1.5～2cm，无毛，爪长8～10mm；长雄蕊基部扩展。长角果四棱状圆柱形，长2～5cm；果瓣具短腺毛，有1显明中脉；果梗长1～1.5cm，增粗。种子椭圆形，长约2mm，栗褐色。花期、果期6—9月。

雾灵香花芥与香花芥略相似，但前者叶大，花大；后者叶小，叶长仅2～4cm，花小，花直径小于1.5cm。

2. 资源价值

野生花卉资源。

3. 研究现状

雾灵香花芥是一种生长在河北省不常见的植物，现阶段对它的研究还没完全展开。目前发现本种的新变型——二色雾灵香花芥，花较小，花瓣颜色白紫相杂，果梗较长，与原变型差异明显。

4. 2012—2016年与1978年调查结果比较

1978年调查发现，雾灵香花芥在怀安、兴隆、平泉、围场4县有分布。2012—2016年调查发现，雾灵香花芥在隆化县、承德县有分布，与1978年相比，分布区域有所变化并减少。在分布区内，雾灵香花芥多生长于林下、坡地草丛，数量较少，分布较为集中。

1978年调查中雾灵香花芥分布区域

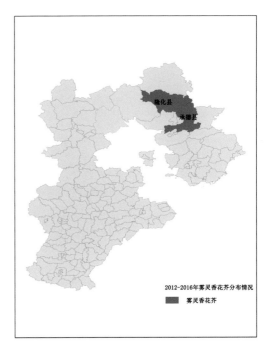

2012—2016年调查中雾灵香花芥分布区域

5. 受威胁状况

已列入《河北省重点保护野生植物名录》。

此次调查中，成熟植株数量为 50 ～ 250 株，分布点≤ 5，较少。

建议受威胁状态评价为：濒危。

建议设立保护区，进行人工繁育，恢复野外种群数量，同时推广仿生种植。

十五、虎耳草科

东北茶藨子 *Ribes mandshuricum* (Maxim.) Kom.

1. 形态特征

落叶灌木，高1～3m；小枝灰色或褐灰色，皮纵向或长条状剥落，嫩枝无刺。叶宽大，长5～10cm，宽几与长相等，常掌状3裂，稀5裂，裂片卵状三角形，先端急尖至短渐尖，顶生裂片比侧生裂片稍长，边缘具不整齐粗锐锯齿或重锯齿；基部心脏形；幼时两面被灰白色平贴短柔毛，下面甚密，成长时逐渐脱落；叶柄长4～7cm。总状花序长7～16cm，具花多达40～50朵；花序轴和花梗密被短柔毛；花

梗长1～3mm；苞片小；花萼反折；花瓣5，浅黄绿色，近匙形，长1～1.5mm，宽稍短于长；雄蕊5，花药红色；花盘具5个突出的腺体；子房无毛，柱头2裂。成熟时果实球形，直径7～9mm，红色，无毛，味酸可食；种子多数，较大，圆形。花期4—6月，果期7—8月。

灌木，植株无刺；叶大，常掌状三裂，叶柄不具瘤状突起；花序长，可达16cm；浆果成串生长，红色，为东北茶藨子识别特征，可与本属其他植物区分。

2. 资源价值

浆果，可食。

3. 研究现状

对其无性繁殖、栽培园营建等技术进行了初步研究，对大小孢子发生、雌雄配子体、果实变异现象进行了初步研究。本属其他植物已进行天然色素和抗氧化剂研究，取得了良好效果。东北茶藨子具有潜在的经济价值，目前开发有饮料等产品，尚需进一步的研究与开发。

4. 2012—2016年与1978年调查结果比较

1978年调查发现，东北茶藨子在内丘、赞皇、阜平、涞水、蔚县、崇礼、兴隆、遵化等8县有分布。2012—2016年调查发现，东北茶藨子在平山、涞源、蔚县、丰宁等4县有分布，与1978年相比，分布区域有所变化并减少。在分布区内，东北茶藨子多分布于山地、坡地，数量较少。

1978年调查中东北茶藨子分布区域　　　　2012—2016年调查中东北茶藨子分布区域

5. 受威胁状况

已列入《中国国家重点保护野生植物名录（第二批）讨论稿》及《河北省重点保护野生植物名录》。

此次调查中，成熟植株数量少于 50 株，且分布点 ≤ 5。

建议受威胁状态评价为：极危。

建议设立保护区，进行人工繁育，恢复野外种群数量，同时推广仿生种植。

十六、罂粟科

野罂粟 *Papaver nudicaule* ssp. *Rubro-aurantiacum* var. *chinense* Fedde

1. 形态特征

多年生草本，具乳汁，全体被粗毛，高 20～40cm。叶 10 余枚，全基生，具长柄，长 7～20cm；叶片轮廓卵形或长卵形，羽状全裂，全裂片 2～3 对，卵形，羽状深裂，小裂片卵形、窄卵形或披针形，先端尖锐，两面疏生微硬毛。花单独顶生；萼片 2，长约 1.7cm，早落；花瓣 4，鲜黄色，偶橘黄色，倒卵形至宽倒卵形，先端近截形，基部阔楔形，长约 2.5cm；雄蕊多数，花药狭长圆形，长约 1.5mm；子房具 6 棱，柱头 6。蒴果狭倒卵形，长约 1.5cm，密被粗而长的刚毛。花期 6—7 月，果期 8 月。

2. 资源价值

野罂粟果实、果壳或带花的全草入药，具有敛肺止咳、涩肠止泻、镇痛、解毒、治肠炎、治痢疾的功效，野罂粟对久咳喘息、遗精、月经病、白带、脱肛、急慢性胃炎、便血等症状也十分有效。

3. 研究现状

人工种植技术已成熟，对野罂粟种子长期冷冻贮藏萌发力变化、人工播种及移植技术、产量构成要素进行了系统研究。

含吗啡和其他生物碱，作为"咳欣康"与"咳喘宁"等中成药的主要成分，现已开发利用。

4. 2012—2016 年与 1978 年调查结果比较

1978 年调查发现，野罂粟在灵寿、蔚县、崇礼、康保、沽源、围场、兴隆等 7 个县区有分布。2012—2016 年调查发现，野罂粟主要分布在沽源、丰宁、围场、隆化、承德等 5 个县区，与 1978 年相比，分布区域有所变化并明显减少。在分布区内，野罂粟多分布于较高海拔的山林、坡地、草丛中，且数量较多。

1978年调查中野罂粟分布区域　　　　2012—2016年调查中野罂粟分布区域

5. 受威胁状况

已列入《河北省重点保护野生植物名录》。

此次调查中，成熟植株数量＞1 000株，分布点＞5。

建议受威胁状态评价为：近危。

建议避免对野生植株的过度采摘，同时推广人工种植。

十七、蔷薇科

玫瑰 *Rosa rugosa* Thunb.

1. 形态特征

直立灌木，高可达2m；小枝密被绒毛，并有针刺和腺毛，有直立或弯曲、淡黄色的皮刺，皮刺外被绒毛。小叶5～9枚，连叶柄长5～13cm；小叶片椭圆形或椭圆状倒卵形，长1.5～4.5cm，宽1～2.5cm，先端急尖或圆钝，基部圆形或宽楔形，边缘有尖锐锯齿，上面深绿色，无毛，叶脉下陷，有褶皱，下面灰绿色，中脉突起，网脉明显，密被绒毛和腺毛，有时腺毛不明显；叶柄和叶轴密被绒毛和腺毛；托叶大部贴生于叶柄，离生部分卵形，边缘有带腺锯齿，下面被绒毛。花单生于叶腋，或数朵簇生，苞片卵形，边缘有腺毛，外被绒毛；花梗长5～22.5mm，密被绒毛和腺毛；花直径4～5.5cm；萼片卵状披针形，先端尾状渐尖，常有羽状裂片而扩展成叶状，上面有稀疏柔毛，下面密被柔毛和腺毛；花瓣倒卵形，重瓣至半重瓣，芳香，紫红色至白色；花柱离生，被毛，稍伸出萼筒口外，比雄蕊短很多。果扁球形，直径2～2.5cm，砖红色，肉质，平滑，萼片宿存。花期5—6月，果期8—9月。

玫瑰与美蔷薇、山刺玫等植物在叶形、花色上相似。但玫瑰小枝密被绒毛，皮刺具长柔毛；复叶含小叶5～9枚；叶脉下陷，叶面有褶皱，以上特征与其他植物有所区别。

2. 资源价值

花蕾入药，可治疗肝胃气痛、胸腹胀满和月经不调。花瓣可以制饼馅、玫瑰酒、玫瑰糖浆，干制后可以泡茶。

3. 研究现状

人工栽培技术日益成熟，可用播种、扦插、组培等方式进行繁殖。

现代研究发现，玫瑰鲜花可以蒸制芳香油，油的主要成分为左旋香芳醇，含量最高可达 6‰，供药用、食用及化妆品用，人服用玫瑰花、果的提取物后具有消臭、清肠、抗氧化、降低血液中的中性脂肪、润滑肌肤、提高免疫力、降低血糖、降血压、清除活性氧、抗炎、增强免疫等作用；玫瑰果实中总糖、总酸、果胶、单宁、维生素 C、蛋白质、氨基酸和铁、钙、锌等矿物元素等营养成分的含量均较高；玫瑰种子含油约 14%，其中不饱和脂肪酸含量高达 90% 以上。以上研究结果说明野生玫瑰是制造大众功能性食品的良好原料。目前野生玫瑰开发利用较少，仅有果汁、果冻、果酱产品的开发报道。

同时，采用数量分类学、形态学分类学、孢粉学法、核型分析、AFLP 和 RAPD 分子标记方法，可对玫瑰品种的鉴定、分类、演化和亲缘关系进行研究并为育种提供理论依据。

4. 2012—2016 年与 1978 年调查结果比较

由于自然灾害及人类活动的干扰，野生玫瑰生境恶化，种群残存数量急剧下降。

1978 年调查发现，玫瑰在全省普遍栽培。2012—2016 年调查中仅记录了无人养护的野生玫瑰；野生玫瑰主要分布在蔚县，与 1978 年相比，分布区域明显减少。

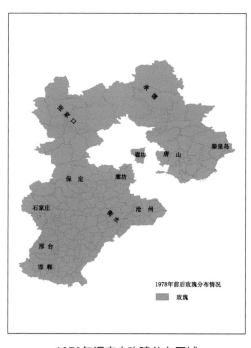

| 1978年调查中玫瑰分布区域 | 2012—2016年调查中玫瑰分布区域 |

5. 受威胁状况

已列入《中国国家重点保护野生植物名录（第二批）讨论稿》及《河北省重点保护野生植物名录》。

此次调查中，成熟植株数量少于 50 株，分布点 1 个。

建议受威胁状态评价为：极危。

建议设立保护区，进行人工繁育，恢复野外种群数量，同时推广仿生种植。

河北梨 *Pyrus hopeiensis* Yu

1. 形态特征

乔木，高达 6～8m，小枝无毛，暗紫色或紫褐色，先端变为硬刺。叶片卵形、宽卵形至近圆形，宽 4～7cm，先端具长或短的尾尖，基部圆形或近心形，边缘具尖锐锯齿，有短芒，上下两面无毛；叶柄长 2～4.5cm，无毛。伞形总状花序，具花 6～8 朵；总花梗及花梗无毛；萼片三角卵形，边缘有齿，外面有稀疏柔毛，内面密生柔毛；花瓣白色；雄蕊 20 枚；花柱 4。果实球形或卵形，直径 1.5～2.5cm，褐色，萼片宿存，外有多数斑点；子房 4 室，果梗较长，长 1.5～3cm；种子暗褐色。花期 4 月，果期 8—9 月。

河北梨与秋子梨、褐梨相似，叶缘均有短芒。但河北梨小枝尖端呈刺状，且心皮为 4；秋子梨、褐梨小枝尖端均不呈刺状，且心皮为 5。

2. 资源价值

种质资源。

3. 研究现状

在野生种中，河北梨被列为我国 120 种极小种群物种之一，是重要的育种材料。我国是梨属植物的分布中心，保护野生河北梨资源，对丰富野生种质资源及品种改良具有特殊价值。

现代研究表明，与本属其他植物相比，河北梨与秋子梨和褐梨的遗传一致度最高，与秋子梨的亲缘最近。

4. 2012—2016 年与 1978 年调查结果比较

1978 年调查结果与 2012—2016 年一致，河北梨仅在昌黎县有分布。在分布区内，河北梨多在路边、陡坡零星存在，且数量极少。

1978年调查中河北梨分布区域   2012—2016年调查中河北梨分布区域

5. 受威胁状况

已列入《中国国家重点保护野生植物名录（第二批）讨论稿》及《河北省重点保护野生植物名录》。

此次调查中，成熟植株数量少于 50 株，且仅发现 1 个分布点。

建议受威胁状态评价为：极危。

建议设立保护区，进行人工繁育，恢复野外种群数量，同时推广仿生种植。

美薔薇 *Rosa bella* Rehd. et Wils.

1. 形态特征

落叶直立灌木，高1～3m。小枝有散生细直皮刺，托叶下偶见成对皮刺，近基部有针刺或近无刺。奇数羽状复叶，小叶(5)7～9(11)枚，长椭圆形或卵形，长1～2.5cm，宽0.5～1.5cm；先端急尖，稀圆钝，基部楔形或近圆形，边缘有尖锐锯齿；下面近无毛，沿中脉有腺体和疏生小皮刺；叶柄和叶轴有腺毛和柔毛，有时有小皮刺；托叶宽，长1.3～2cm，大部分与叶柄连生，边缘有腺毛。花单生或2～3朵聚生，花梗长5～10mm，与花托均有腺毛；苞片1～3；花直径4～5cm，芳香，萼片外面有柔毛及腺毛，顶端引长成尾状，披针形；花瓣粉红色，宽倒卵形；花柱不伸出花托口外。果实长椭圆形，长1.5～2cm，深红色，顶端渐细略成短颈；果梗有腺毛。花期5—7月，果期8—9月。

美薔薇与玫瑰、山刺玫的叶形、花色相似。但美薔薇小枝、皮刺上均无毛，果实长椭圆形，可与玫瑰区别；美薔薇皮刺不成对存在，可与山刺玫等植物区别。

2. 资源价值

河北以本种花、果代金樱子入药，具补肾固精、固肠止泻、理气、活血、调经、健脾等功效，是

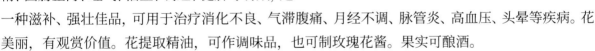

一种滋补、强壮佳品，可用于治疗消化不良、气滞腹痛、月经不调、脉管炎、高血压、头晕等疾病。花美丽，有观赏价值。花提取精油，可作调味品，也可制玫瑰花酱。果实可酿酒。

3. 研究现状

美薔薇果实富含芦丁等黄酮类物质，能软化血管、抗氧化、延缓机体衰老、防止动脉硬化。果实还含丰富的蛋白质、18种氨基酸和维生素，其维生素 B_1、维生素 B_2 及胡萝卜素的含量居各类干鲜果品前列，因而是加工果汁、果酒及色素的良好原料。

美薔薇在防风固沙、防止水土流失和美化环境等方面起着重要作用。

4. 2012—2016 年与 1978 年植物分布区域比较

1978年调查发现，美薔薇在赞皇、平山、灵寿、兴隆等4个县区有分布。2012—2016年调查发现，美薔薇分布在武安、平山、灵寿、阜平、涞源、蔚县、阳原、怀安、赤城、沽源、丰宁、滦

平等 12 个县区内, 与 1978 年相比, 分布区域明显增加。在分布区内, 美蔷薇多分布于山林的阳坡, 数量较少。

1978年调查中美蔷薇分布区域

2012—2016年调查中美蔷薇分布区域

5. 受威胁状况

已列入《河北省重点保护野生植物名录》。

此次调查中, 成熟植株数量为 50 ~ 250 株, 分布点 > 5。

建议受威胁状态评价为: 濒危。

建议设立保护区, 进行人工繁育, 恢复野外种群数量, 同时推广仿生种植。

缘毛太行花 *Taihangia rupestris* var. *ciliate* Yu et Li

1. 形态特征

多年生草本。根茎粗壮，根深长，伸入石缝中有时达地上部分4～5倍。基生时为单叶，稀有时叶柄上部有1～2极小的裂片，心状卵形、卵形或椭圆形，稀三角状卵形，长2.5～10cm，宽2～8cm，基部微心形，边缘具锯齿，明显具缘毛；叶柄长2.5～10cm。花雄性和两性同株或异株，单生花葶顶端，稀2朵，花开放时直径3～4.5cm；萼筒陀螺形，无毛；具副萼，萼片浅绿色或常带紫色；花瓣5，白色，倒卵状椭圆形，顶端圆钝；雄蕊多数，着生在萼筒边缘；雌蕊多数，被疏柔毛，螺旋状着生在花托上，在雄花中数目较少，不发育且无毛；花柱延长达14～16mm；花托在果时延长，纤细柱状，直径约1mm。瘦果长，被疏柔毛，毛长0.5mm。花果期5—8月。

本变种与太行花不同在于，叶片呈心状卵形，稀三角卵形，大多数基部呈微心形，边缘锯齿常较多而深，显著具缘毛，叶柄显著被疏柔毛。花期5—6月。

2. 资源价值

太行山区特有种。园林绿化植物。

3. 研究现状

目前仅有组培苗的生根培养与驯化移栽等零星研究报道。

4. 2012—2016 年与 1978 年植物分布区域比较

1978 年调查与 2012—2016 年调查时，缘毛太行花均仅在武安县有分布。

1978年调查中缘毛太行花分布区域   2012—2016年调查中缘毛太行花分布区域

5. 受威胁状况

已列入《河北省重点保护野生植物名录》。

此次调查中，成熟植株数量少于50株，分布点≤5。

建议受威胁状态评价为：极危。

建议设立保护区，进行人工繁育，恢复野外种群数量，同时推广仿生种植。

十八、豆科

三籽两型豆*Amphicarpaea trisperma* (Miq.) Baker ex Jacks.

1. 形态特征

一年生草质藤本。茎纤细，长0.3～1.3m，被淡褐色柔毛。羽状三出复叶，叶柄长2～5.5cm，托叶小；顶生小叶菱状卵形或扁卵形，长2.5～5.5cm，宽2～5cm，先端钝或有时短尖，常具细尖头；小叶全缘；基部圆形、宽楔形或近截平，叶两面常被贴伏的柔毛，基出脉3，小叶柄短；小托叶常早落；侧生小叶稍小，常偏斜。花二型：生在茎上部的为正常花，排成腋生的短总状花序，有花2～7朵，各部被淡褐色长柔毛；苞片腋内通常具花一朵；花萼5裂，裂片不等；蝶形花冠，淡紫色或白色，长1～1.7cm，各瓣近等长，旗瓣倒卵形；子房被毛。另生于下部为闭锁花，花极小，无花瓣，柱头弯至与花药接触，子房伸入地下结实。荚果二型；生于茎上部的完全花结的荚果为长圆形或倒卵状长圆形，长2～3.5cm，宽约6mm，扁平，微弯，被淡褐色柔毛，以背、腹缝线上的毛较密；种子2～3颗，肾状圆形，黑褐色；由闭锁花伸入地下结的荚果呈椭圆形或近球形，不开裂，内含一粒种子。花、果期8—11月。

豆科许多植物具有以下特征：草质藤本、三出复叶、小叶全缘，形成总状花序，花淡紫色或白色，因而比较相似。但三籽两型豆总状花序轴上无节瘤状突起，同时具两种不同花，一类有花瓣、地上结实，另一类无花瓣、地面下结实，与许多植物不同。

2. 资源价值

种子可食用。种子粗蛋白质含量比绿豆、豇豆高，是家畜和家禽的优质精饲。播种后出苗快，幼苗期生长迅速，可以在短期内覆盖地面，抑制杂草的生长，节省除草费用，并可获得一定的产量；又因其生长周期短，不会妨碍后期作物的生长，故有些地区进行栽培。

3. 研究现状

对种子萌发、植株生长发育特性和栽培技术已进行初步研究。

对种子进行了全成分分析检测，结果显示，种子蛋白质含量达 21.9%，脂肪含量 1.22%，碳水化合物含量 65.0%，膳食纤维含量 18.7%，维生素 B_1 含量 0.026 mg/g，维生素 B_2 含量 0.074 mg/g，维生素 B_6 含量 0.225 mg/g，并含有 Zn、Fe、Mg、K、Ca 等多种矿质元素。三籽两型豆具有较高的食用价值和医药保健价值，值得推广种植、开发利用。

4. 2012—2016 年与 1978 年植物分布区域比较

1978 年调查发现，三籽两型豆在涉县、井陉、石家庄、涞源、蔚县、宣化、丰宁、青龙等 8 个县区有分布。2012—2016 年调查发现，三籽两型豆主要分布在涉县境内，与 1978 年相比，分布区域明显减少。在分布区内，三籽两型豆多在林下成小群落。

1978年调查中三籽两型豆分布区域　　　　　2012—2016年调查中三籽两型豆分布区域

5. 受威胁状况

已列入《中国国家重点保护野生植物名录（第二批）讨论稿》及《河北省重点保护野生植物名录》。
此次调查中，成熟植株少于 50 株，分布区 ≤ 5。
建议受威胁状态评价为：极危。
建议设立保护区，进行人工繁育，恢复野外种群数量，同时推广仿生种植。

膜荚黄芪 *Astragalus membranaceus* (Fisch.) Bunge

1. 形态特征

多年生草本，高 50 ～ 100cm。主根肥厚，木质，常分枝，灰白色。茎直立，被白色柔毛。羽状复叶有 13 ～ 27 片小叶，长 5 ～ 10cm；叶柄长 0.5 ～ 1cm；托叶长 4 ～ 10mm，离生；小叶椭圆形或长圆状卵形，长 7 ～ 30mm，宽 3 ～ 12mm，先端钝圆或微凹，具小尖头或不明显，基部圆形，上面绿色，近无毛，下面被伏贴白色柔毛。总状花序稍密，有 10 ～ 20 朵花；总花梗与叶近等长或较长，至果期显著伸长；苞片线状披针形，背面被白色柔毛；花梗长 3 ～ 4mm，连同花序轴稍密被棕色或黑色柔毛；小苞片 2；花萼钟状，外面被白色或黑色柔毛，有时萼筒近于无毛，仅萼齿有毛；花冠黄色或淡黄色，旗瓣倒卵形，长 12 ～ 20mm，顶端微凹，基部具短瓣柄，翼瓣较旗瓣稍短，龙骨瓣与翼瓣近等长；子房有柄，被细柔毛。荚果薄膜质，稍膨胀，半椭圆形，长 20 ～ 30mm，宽 8 ～ 12mm，顶端具刺尖，两面被白色或黑色细短柔毛，果颈超出萼外；种子 3 ～ 8 颗。花期 6—8 月，果期 7—9 月。

许多豆科植物具有草本、奇数羽状复叶、小叶全缘、蝶形花冠等共同特征，彼此相似。但膜荚黄芪花冠黄色或淡黄色；旗瓣略窄，直立，不翻折；龙骨瓣与旗瓣近等长；花药一型；荚果果皮薄膜质，稍膨胀；荚果假二室，子房及果实被毛，以上为膜荚黄芪识别特征。

2. 资源价值

为传统中药，根入药，有补气、健脾、壮阳、健体等功效。

3. 研究现状

现代研究表明，其主要活性成分为三萜皂苷类化合物、黄酮类化合物、多糖、氨基丁酸和各种微量元素，具有保护心脏、保肝、免疫调节、抗癌、抗炎、抗病毒、抗衰老、抗氧化、保护神经和抑制黑色素生成等多种作用。

4. 2012—2016 年与 1978 年植物分布区域比较

1978 年调查发现，膜荚黄芪在蔚县、武安县有分布。2012—2016 年调查发现膜荚黄芪主要分布在尚义县、丰宁县及围场县，与 1978 年相比，分布区变化较大且略有增加。在分布区内，膜荚黄芪多分布于阳坡及草原上，数量较少。

| 1978年调查中膜荚黄芪分布区域 | 2012—2016年调查中膜荚黄芪分布区域 |

5. 受威胁状况

已列入《中国国家重点保护野生植物名录（第二批）讨论稿》及《河北省重点保护野生植物名录》。

此次调查中，成熟植株数量少于 50 株，分布区 ≤ 5。

建议受威胁状态评价为：极危。

建议设立保护区，进行人工繁育，恢复野外种群数量，同时推广仿生种植。

野大豆 *Glycine soja* Sieb. et Zucc.

1. 形态特征

一年生草本。茎纤细，缠绕，疏生褐色硬毛。叶为三出羽状复叶，叶柄长 2～5cm；托叶卵状披针形，小托叶线状披针形；顶生小叶卵状披针形，长 3～5cm，宽 1～2.5cm，先端急尖或钝，全缘，两面有毛；侧生小叶斜卵状披针形，比顶生小叶稍小。总状花序腋生，花小，长 3～5mm，淡紫色；苞片披针形；萼钟状，萼齿 5，三角状披针形，密生长毛；旗瓣近圆形，先端微凹，基部有短爪，翼瓣斜倒卵形，有明显的耳和爪，龙骨瓣较短小。荚果线状长圆形或镰刀

形，两面稍扁平，长 1.5～2.5cm，宽约 5mm，密生淡褐色硬毛。花期 6—7 月，果期 8—9 月。

许多豆科植物具有草质藤本、三出复叶、小叶全缘、形成总状花序、蝶形花冠、花淡紫色等特征，彼此相似。但野大豆识别特征为总花序轴上无节瘤状突起，花仅一型，果实上密生淡褐色硬毛。

2. 资源价值

是我国特有的珍贵植物资源，具许多优良性状，为重要的种质资源。药用价值较高，种子、根、茎和荚果入药，能清肝火、解痘毒。茎叶可作牲畜饲草。

3. 研究现状

已有较大规模的人工种植。

目前，关于盐胁迫对野大豆种子发芽的影响已进行了系统研究。野大豆中活性成分大豆异黄酮、大豆皂苷、大豆低聚糖、大豆磷脂等珍贵药用成分也已被提取、鉴定。我国南方降水较多、地下水位较高，常用的优质高产豆科牧草难以发挥生产优势，因而野大豆在南方具有重要的饲草开发利用潜力。

4. 2012—2016 年与 1978 年植物分布区域比较

1978 年调查发现，野大豆在全省普遍分布。2012—2016 年调查发现，野大豆主要分布在涉县、武安、平山、灵寿、易县、涞水、滦平、兴隆、青龙、黄骅、冀州、曹妃甸、安新等 13 县区，与 1978 年相比，分布区域明显减少。在分布区内，野大豆多分布于路边、草丛，数量较多。

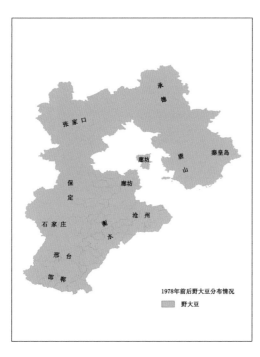

| 1978年调查中野大豆分布区域 | 2012—2016年调查中野大豆分布区域 |

5. 受威胁状况

已被列入《中国国家重点保护野生植物名录（第二批）讨论稿》及《河北省重点保护野生植物名录》。

此次调查中，植物成熟个体数量 > 1 000，分布地点 > 5。

建议受威胁状态评价为：近危。

已设立保护区。

甘草 *Glycyrrhiza uralensis* Fisch

1. 形态特征

多年生草本；根与根状茎粗状，直径 1～3cm，外皮褐色，里面淡黄色，具甜味。茎直立，多分枝，高 30～120cm，密被鳞片状腺点、刺毛状腺体及白色或褐色的绒毛，叶长 5～20cm；托叶三角状披针形，长约 5mm，宽约 2mm，两面密被白色短柔毛；叶柄密被褐色腺点和短柔毛；小叶 5～17 枚，卵形、长卵形或近圆形，长 1.5～5cm，宽 0.8～3cm，上面暗绿色，下面绿色，两面均密被黄褐色腺点及短柔毛，顶端钝，具短尖，基部圆，边缘全缘或微呈波状，多少反卷。总状花序腋生，具多数花，总花梗短于叶，密生褐色的鳞片状腺点和短柔毛；苞片长圆状披针形，长 3～4mm，褐色，膜质，外面被黄色腺点和短柔毛；花萼钟状，长 7～14mm，密被黄色腺点及短柔毛，基部偏斜并膨大呈囊状，萼齿 5，与萼筒近等长，上部 2 齿大部分连合；花冠紫色、白色或黄色，长 10～24mm，旗瓣长圆形，顶端微凹，基部具短瓣柄，翼瓣短于旗瓣，龙骨瓣短于翼瓣；子房密被刺毛状腺体。荚果弯曲呈镰刀状或呈环状，密集成球，密生瘤状突起和刺毛状腺体。种子 3～11 颗，暗绿色，圆形或肾形，长约 3mm。花期 6—8 月，果期 7—10 月。

许多豆科植物具有草本、奇数羽状复叶、小叶全缘、蝶形花冠等特征，彼此相似。但甘草具有以下识别特征：叶为卵形或宽卵形；旗瓣略窄，直立，不翻折；有大小两种花药；荚果弯曲成镰刀状或环状。

2. 资源价值

传统中药，根和根状茎入药，具有补脾益气、清热解毒、祛痰止咳、缓急止痛、调和诸药等功效。

3. 研究现状

对甘草已实现规模化人工种植，不同栽培措施与活性成分之间关系也已进行较深入研究。2016 年日本研究人员完成甘草全基因组测序工作，这将有助于甘草栽培、育种以及药效成分相关基因的研究。

甘草中主要化学成分包括三萜、黄酮、生物碱和多糖等成分，具有抗炎、保肝、抗菌、镇咳、抗氧化、降糖、免疫调节及抗血小板凝集等多种活性；其中的黄酮类化合物主要包括甘草素、异甘草素、甘草查尔酮等，是甘草抗肿瘤的主要活性成分，能够通过阻滞细胞周期、影响肿瘤细胞凋亡基因调控、抑制肿瘤细胞血管生成等机制抑制肿瘤细胞的增殖。甘草根部含有的主要成分甘草素，是化妆品和天然甜味剂的原料之一，全球需求日益增长。

4. 2012—2016 年与 1978 年植物分布区域比较

近年来，因掠夺性采挖造成野生甘草资源渐渐匮乏。1978年调查中，甘草在蔚县、涿鹿、宣化、张家口、围场等5个县区有分布。2012—2016年调查中，甘草主要分布在丰宁县、围场县境内，与1978年相比，分布区域略有变化并减少。在分布区内，甘草多在阳坡、草丛中成小群落存在，分布较为集中。

1978年调查中甘草分布区域   2012—2016年调查中甘草分布区域

5. 受威胁状况

已被列入《中国国家重点保护野生植物名录（第二批）讨论稿》及《河北省重点保护野生植物名录》。

此次调查中，成熟植株数量为 250 ～ 1 000 株，分布点 ≤ 5。

建议受威胁状态评价为：濒危。

建议设立保护区，进行人工繁育，恢复野外种群数量，同时推广仿生种植。

山绿豆（贼小豆）*Phaseolus minimus* Roxb.

1. 形态特征

一年生缠绕草本。茎纤细，无毛或被疏毛。羽状三出复叶；托叶披针形，长约4mm，盾状着生、被疏硬毛；小叶的形状和大小变化颇大，卵形、卵状披针形、披针形或线形，长2.5～7cm，宽0.8～3cm，先端急尖或钝，基部圆形或宽楔形，两面近无毛或被极稀疏的糙伏毛。总状花序柔弱；总花梗远长于叶柄，通常有花3～4朵；小苞片线形或线状披针形；花萼钟状，具不等大的5齿，裂齿被硬缘毛；花冠黄色，旗瓣极外弯，近圆形，长约1cm；龙骨瓣具长而尖的耳。荚果圆柱形，长3.5～6.5cm，宽4mm，无毛，开裂后旋卷；种子4～8颗长圆形，长约4mm，宽约2mm，深灰色。花、果期8—10月。

许多植物豆科具有草质藤本、三出复叶、小叶全缘、总状花序、蝶形花冠等特征，彼此相似。但山绿豆总花序轴上有节瘤状突起，花冠黄色，二体雄蕊，龙骨瓣先端有螺旋状卷曲的喙，为其识别特征。

2. 资源价值

对土壤适应范围广，在沙土、壤土、黏土和酸性红壤土中都能正常生长，产量高，年亩产鲜草量约4t，干草含粗蛋白20%以上，是很有发展前途的优良牧草。

花供观赏，荚果可食用。

3. 研究现状

研究发现，在饲用豆科植物中，山绿豆的固氮能力较高。在茶园、果园间作种植山绿豆，可直接沤制成有机肥，也可以先饲喂牲畜，后取其粪尿施回园圃，均能有效地提高土壤肥力。山绿豆可以替代生猪日粮中的麦麸，鲜草更具优势。

4. 2012—2016年与1978年植物分布区域比较

1978年调查发现，山绿豆在昌黎县、北戴河有分布。2012—2016年调查发现，山绿豆主要分布于兴隆县，与1978年相比，分布区域有所变化。在分布区内，山绿豆多分布于草丛中，数量较少。

1978年调查中山绿豆分布区域   2012—2016年调查中山绿豆分布区域

5. 受威胁状况

已列入《河北省重点保护野生植物名录》。

此次调查中，成熟植株数量少于 50 株。

建议受威胁状态评价为：极危。

建议设立保护区，进行人工繁育，恢复野外种群数量，同时推广仿生种植。

十九、芸香科

黄檗 *Phellodendron amurense* Rupr.

1. 形态特征

树高 10～30m，胸径 1m。枝扩展，成年树的树皮有厚木栓层，浅灰或灰褐色，深沟状或不规则网状开裂，内皮薄，鲜黄色，味苦，黏质，小枝暗紫红色，无毛。奇数羽状复叶，对生，叶轴及叶柄均纤细，有小叶 5～13 枚，小叶卵状披针形或卵形，长 6～12cm，宽 2.5～4.5cm，叶缘有细钝齿和缘毛，顶部长渐尖，基部阔楔形或圆形，秋季落叶前叶色由绿转黄而明亮。花序顶生；萼片细小；花瓣紫绿色，长 3～4mm；雄花的雄蕊比花瓣长，退化雌蕊短小。浆果状核果，圆球形，径约 1cm，蓝黑色；种子通常 5 粒。花期 5—6 月，果期 9—10 月。

乔木，奇数羽状复叶，对生，为很多植物共有特征。但黄檗成年树的树皮浅灰或灰褐色，深沟状或不规则网状开裂，因有厚木栓层，手指按压有弹性；内皮薄，鲜黄色；核果，圆球形，蓝黑色，以上为黄檗识别特征。

2. 资源价值

木栓层是制造软木塞的材料。木材坚硬，边材淡黄色，心材黄褐色，是枪托、家具、装饰的优良材料，亦为胶合板材。果实可作驱虫剂及染料。种子含油 7.76%，可制肥皂和润滑油。

树皮内层经炮制后可入药，味苦，性寒。清热解毒，泻火燥湿。主治急性细菌性痢疾、急性肠炎、急性黄疸型肝炎、泌尿系统感染等炎症。外用治火烫伤、中耳炎、急性结膜炎等。

3. 研究现状

建立了组织培养和快速繁殖体系，系统研究了影响种子萌发的因素，药用林的人工种植、仿野生栽培等人工栽培技术成熟。

主要活性成分为小檗碱、掌叶防己碱、药根碱等生物碱，对小檗碱含量与抗氧化性的相关性、以毛状根进行小檗碱生产等方面进行了研究。

4. 2012—2016 年与 1978 年植物分布区域比较

1978 年调查发现，黄檗在完县、赤城、丰宁、承德、迁西、遵化等 6 个县及秦皇岛市均有分布。2012—2016 年调查发现，黄檗分布在隆化、承德、兴隆、迁西、青龙等 5 个县区，与 1978 年相比，分布区域有所变化并减少。在分布区内，黄檗多分布于山林中，数量极少。

| 1978年调查中黄檗分布区域 | 2012—2016年调查中黄檗分布区域 |

5. 受威胁状况

已被列入《中国国家重点保护野生植物名录（第二批）讨论稿》及《河北省重点保护野生植物名录》。

此次调查中，成熟植株数量少于 50 株，分布点区 ≤ 5。

建议受威胁状态评价为：极危。

建议设立保护区，进行人工繁育，恢复野外种群数量，同时推广仿生种植。

二十、远志科

远志 *Polygala tenuifolia* Willd.

1. 形态特征

多年生草本，根长而肥厚；茎基微带木质，多分枝，高 15～55cm，枝绿色，有微毛。叶互生，线形至线状披针形，先端渐尖；基部渐窄，全缘，叶片长 1～3cm，宽 1～3mm，无毛，几乎无柄。花序偏侧生于小枝顶端，长约 2～14cm；花具梗及苞，常稍下垂，淡蓝色至紫蓝色；苞片 3，极细小，披针形，易落；萼片 5，外萼片 3，线状披针形，长约 2mm，内萼片 2，长圆形，长约 5mm，绿白色，花瓣状；花瓣 3，中间龙骨状花瓣比侧瓣长，呈鸡冠状，两个侧瓣倒卵形，长约 4mm，内侧基部稍有毛；花丝 8，合生成鞘状，上部分离，基部与两侧花瓣贴生；子房扁圆形，2 室，花柱细长。蒴果扁平，卵圆形或近圆形，顶端凹缺，边缘有窄翅；种子 2 粒，扁卵形。花果期 5—8 月。

2. 资源价值

远志为常用中药，具有安神益智、祛痰、消肿的功能，用于心肾不交引起的失眠多梦、健忘惊悸、神志恍惚、咳痰不爽、疮疡肿毒、乳房肿痛等。

3. 研究现状

人工种植技术已初步建立。

研究表明远志的主要化学成分为三萜皂苷类、糖和糖酯苷类、黄酮类、生物碱类等，具益智、抗衰老、影响心肌平滑肌和血管活动、祛痰镇咳、抑菌、抗诱变、抗癌、解酒、镇静催眠、抗惊厥等作用。

4. 2012—2016 年与 1978 年植物分布区域比较

1978 年调查发现，远志在全省均有分布。2012—2016 年调查发现，远志分布在唐县、磁县、涞源、涞水、宣化、兴隆等 6 个县境内，与 1978 年相比，分布区域明显减少。在分布区内，远志多分布于山林的阳坡、草地，数量较少。

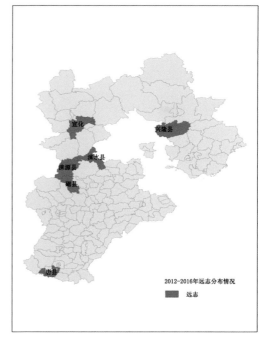

| 1978年调查中远志分布区域 | 2012—2016年调查中远志分布区域 |

5. 受威胁状况

已列入《河北省重点保护野生植物名录》。

此次调查中，成熟植株数量为250～1 000株，分布点＞5。

建议受威胁状态评价为：易危。

建议避免对野生植株的过度采挖，同时推广人工种植。

二十一、漆树科

黄连木 *Pistacia chinensis* Bunge

1. 形态特征

落叶乔木，高达 20 余米。树皮暗褐色，呈鳞片状剥落，幼枝灰棕色。奇数羽状复叶，互生，顶端小叶常常发育成丝状，因而常常极似偶数羽状复叶；有小叶 5～6 对；小叶对生或近对生，披针形、卵状披针形或线状披针形，长 5～10cm，宽 1.5～2.5cm，先端渐尖或长渐尖，基部偏斜，全缘；小叶柄长 1～2mm。雌雄异株，先花后叶，无花瓣。圆锥花序腋生，雄花序排列紧密，长 6～7cm，雌花序排列疏松，长 15～20cm。雄花：花被片 2～4，披针形或线状披针形，大小不等，长 1～1.5mm；雄蕊 3～5，花丝极短，花药长圆形；雌蕊缺。雌花：花被片 7～9 枚，大小不等，长 0.7～1.5mm，宽 0.5～0.7mm；不育雄蕊缺；子房球形，柱头 3，红色。核果倒卵状球形，略压扁，径约 5mm，成熟时紫红色。

乔木、羽状复叶、小叶全缘，是黄连木及漆（树）的共有特征。但黄连木因奇数羽状复叶顶端小叶常发育为丝状，因而极似偶数羽状复叶；花小，无花瓣；果实球形，小，成串存在，成熟时紫红色。漆（树）为明显的奇数羽状复叶，有花瓣，果实成熟时黄褐色。

2. 资源价值

木材鲜黄色，可提黄色染料，材质坚硬致密，可供家具和细工用材。种子榨油可作润滑油或制皂。幼叶可作蔬菜，可制作食品添加剂及香料，并可代茶。

3. 研究现状

因扦插难以生根，现多利用籽播或与嫁接育苗。组培技术已经开展，但能否适合大规模育苗有待进一步研究。

具有开发抗氧化剂、抗癌、防治高血压药物和美肤产品的潜在价值；叶上虫瘿是止血和解毒的良药。

黄连木具有抗二氧化硫和煤烟等功能，可作为防大气污染的环境树种和环境监测树种。

4. 2012—2016 年与 1978 年植物分布区域比较

1978 年调查发现，黄连木在大名、磁县、涉县、武安、沙河、内丘、赞皇、井陉、平山、完县等 10 个县区均有分布。2012—2016 年调查发现，野生黄连木仅在涉县、磁县有分布，与 1978 年相比，分布区域明显减少。在分布区内，黄连木多分布于山林中，数量较少。

1978年调查中黄连木分布区域

2012—2016年调查中黄连木分布区域

5. 受威胁状况

已列入《河北省重点保护野生植物名录》。

此次调查中，成熟植株数量少于 50 株，分布区 ≤ 5。

建议受威胁状态评价为：极危。

现有黄连木林多处于半野生状态，生长慢，经济效益低，良种缺乏。建议设立保护区，培育良种，进行人工繁育，恢复野外种群数量，同时推广仿生种植。

漆（漆树）*Toxicodendron vernicifluum* (Stokes) F. A. Barkl.

1. 形态特征

落叶乔木，高 8～15m，树皮灰白色，粗糙，呈不规则的纵裂；小枝粗壮，生棕黄色柔毛；顶芽大，被棕黄色绒毛。奇数羽状复叶，互生，叶柄长 7～14cm；小叶 9～15 枚，具短柄，被柔毛，小叶卵形或长椭圆形，长 7～15cm，宽 2～6cm，先端渐尖，基部圆形或楔形，全缘，两面脉上均

有棕色短毛。花小多数，黄绿色，组成腋生圆锥花序，长 15～25cm，有短柔毛；花杂性或雌雄异株；雄花萼片 5，长圆形；花瓣 5，长圆状卵形，有紫色脉纹，长约为萼片的 2 倍；雄蕊 5，着生于环状花盘的边缘，花丝短，花药 2 室；子房圆球形，花柱短，柱头 3 裂。果序下垂，核果扁圆形，直径 6～8mm，外果皮薄，棕黄色，光滑，中果皮厚，蜡质，内果皮淡黄色，果核坚硬。花期 5—6 月，果期 9—10 月。

乔木，奇数羽状复叶，小叶全缘，果实扁球形，小，成串存在，为漆（树）与野漆（树）共有特征。但漆（树）花序几与复叶等长，野漆（树）花序长仅达复叶长的一半。

2. 资源价值

根、叶及果入药，可治疗跌打损伤、湿疹疮毒、毒蛇咬伤等症。树干上割下的生漆是良好的防腐、防锈涂料；木材广泛用于建筑、家具、船舶；种子可榨油；果皮提取蜡；叶提取栲胶。叶、花及种子可作农药。

3. 研究现状

组培快繁技术已见报道。漆树可用播种和埋根两种方法育苗。20 世纪 70 年代推广了丁字形芽接法繁殖漆树苗，操作简便，成活率也高。

现代研究发现漆树的有效成分具有抗癌、抗炎、抗菌、抗氧化的主要药理作用，但是在医学、生物、食品等领域应用不足。

4. 2012—2016 年与 1978 年植物分布区域比较

1978 年调查发现，漆树在涉县、武安、沙河、赞皇、井陉、灵寿等 6 个县区有分布。2012—2016 年调查发现，漆

树分布在武安、平山、灵寿等 3 个县境内,与 1978 年相比,分布区域明显减少。在分布区内,漆树多分布于山林中,数量较少。

1978年调查中漆树分布区域

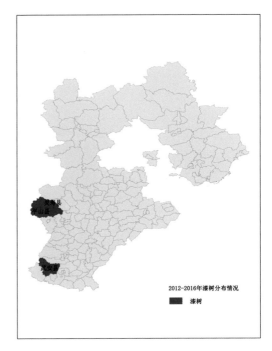

2012—2016年调查中漆树分布区域

5. 受威胁状况

已列入《河北省重点保护野生植物名录》。

此次调查中,成熟植株数量少于 50 株,分布区 ≤ 5。

建议受威胁状态评价为:极危。

建议设立保护区,进行人工繁育,恢复野外种群数量,同时推广仿生种植。

二十二、无患子科

文冠果 *Xanthoceras sorbifolium* Bunge

1. 形态特征

落叶灌木或小乔木，高 2～8m；小枝粗壮，褐红色，无毛，顶芽和侧芽有覆瓦状排列的芽鳞。奇数羽状复叶互生，叶连柄长 15～30cm；小叶 4～8 对，披针形或近卵形，两侧稍不对称，长 2.5～6cm，宽 1.2～2cm，顶端渐尖，基部楔形，边缘有锐利锯齿，顶生小叶通常 3 深裂；小叶嫩时，叶背被绒毛和成束的星状毛。花序先叶抽出或与叶同时抽出，两性花的花序顶生，雄花序腋生；花萼 5，两面被灰色绒毛；花瓣 5，长约 2cm，宽 7～10mm，白色，基部紫红色或黄色，有清晰的脉纹，爪之两侧有须毛；花盘的角状附属体橙黄色；雄蕊 8；子房被灰色绒毛。蒴果卵形，长达 6cm，成熟时裂为三果瓣，果皮厚木栓质；种子长达 1.8cm，黑色而有光泽。花期春季，果期秋初。

乔木，奇数羽状复叶，小叶叶缘有锯齿，是很多植物共有特征。但花大，白色，基部紫红色或黄色，有清晰的脉纹；蒴果卵形，较大，是文冠果识别特征。

2. 资源价值

种子可食，风味似板栗，种仁含脂肪 57.18%、蛋白质 29.69%、淀粉 9.04%、灰分 2.65%，营养价值很高；种子可提取柴油、药用食用油。是国家有关部门列为制造生物柴油的八大树种之一，有"北方油茶"之称，是我国北方很有发展前途的木本油料植物。

3. 研究现状

近年来已大量栽培。

目前已对文冠果产量影响因素、油脂含量影响因素、良种选育、开花坐果特点及分子机制、防止落花落果技术措施、化学成分、生物柴油生产工艺进行了系统研究。

4. 2012—2016 年与 1978 年植物分布区域比较

1978 年调查发现，文冠果在蔚县、涿鹿县有分布。2012—2016 年调查发现，文冠果分布在涉县、磁县境内，分布区域较 1978 年有所变化。在分布区内，文冠果多分布于山林中，有时成小群落，但数量较少。

1978年调查中文冠果分布区域　　　　　　2012—2016年调查中文冠果分布区域

5. 受威胁状况

已列入《河北省重点保护野生植物名录》。

此次调查中，成熟植株数量少于 50 株，分布区 ≤ 5。

建议受威胁状态评价为：极危。

建议设立保护区，进行人工繁育，恢复野外种群数量，同时推广仿生种植。

二十三、鼠李科

北枳椇 *Hovenia dulcis* Thunb.

1. 形态特征

高大乔木，稀灌木，高达10余米；小枝褐色或黑紫色，无毛，有不明显的皮孔。单叶，互生，卵圆形、宽矩圆形或椭圆状卵形，长7～17cm，宽4～11cm，顶端短渐尖或渐尖，基部截形，少有心形或近圆形，边缘有不整齐的锯齿或粗锯齿，稀具浅锯齿，无毛或仅下面沿脉被疏短柔毛；叶柄长2～4.5cm，无毛。聚伞圆锥花序不对称，顶生，稀兼腋生；花序轴和花梗均无毛。花萼5；花小，直径6～8mm；花瓣5，黄绿色，倒卵状匙形，长2.4～2.6mm，宽1.8～2.1mm，向下渐狭成爪部；具花盘；子房球形，花柱3浅裂。浆果状核果近球形，直径6.5～7.5mm，无毛，成熟时黑色；种子3粒，深栗色或黑紫色。花序轴结果时稍膨大、曲折，味甜，与果实口感相似，可食。花期5—7月，果期8—10月。

北枳椇与（南）枳椇极为相似，二者都具有乔木、单叶互生、叶大、枝无刺、花小、花黄绿色等特征，且结果时花序轴均膨大曲折、味甜可食。但北枳椇叶缘锯齿具粗深、不整齐，聚伞圆锥花序通常顶生，花柱浅裂；（南）枳椇叶缘锯齿浅钝、整齐，花序为顶生和腋生的二歧式聚伞圆锥花序，花柱半裂或几深裂至基部。根据以上特征可区分二者。

2. 资源价值

传统中药，果实、树皮均可入药，有解酒毒、止渴除烦、止呕、利大小便等作用。肥大的果序轴含丰富的糖，可生食、酿酒、制醋和熬糖。木材细致坚硬，可供建筑和制精细用具。花清香，叶片大，根系发达，根深，防风能力强，可用作城镇绿化树种，也可作为绿化树种，防止水土流失、防止沙尘暴。树叶是牛、羊、猪较好的粗饲料，耐贮存。

3. 研究现状

目前对枳椇的人工栽培已进行了系统研究，对光照、温度、硫酸、赤霉素、低温层积及覆土厚度等多种因素与枳椇种子的活力、发芽率等贮藏特性的影响已进行了研究；对其栽培与繁殖形成了成熟技术。

现代研究表明，枳椇主要的活性成分有三萜皂苷类、黄酮类、苯丙素类、生物碱类以及不饱和脂肪酸类等物质，具有解酒保肝、抗脂质过氧化反应和抗高脂血症、抗致突变、抗肿瘤、抑制组胺释放、镇静、抗痉、镇痛、降压利尿等功能。

目前，已有关于枳椇果汁、醒酒保肝口服液的制作工艺研究报道。对枳椇果渣不溶性膳食纤维的制备工艺及其性能特性已进行了初步研究。

4. 1978 年与 2012—2016 年植物分布区域比较

1978 年及 2012—2016 年调查中，均只在易县发现有枳椇分布，分布区域无明显变化。在分布区内，枳椇分布于山林中，成小群落，数量较少。

1978 年调查中枳椇分布区域　　　　　　　　　2012—2016 年调查中枳椇分布区域

5. 受威胁状况

已列入《河北省重点保护野生植物名录》。

此次调查中，成熟植株数量少于 50 株，分布区 ≤ 5。

建议受威胁状态评价为：极危。

建议设立保护区，进行人工繁育，恢复野外种群数量，同时推广仿生种植。

二十四、椴树科

紫椴 *Tilia amurensis* Rupr.

1. 形态特征

乔木，高达 15m；小枝及芽光滑无毛。单叶互生，宽卵形或近圆形，长宽 4～8cm，近相等，先端尾状渐尖，基部心形或截形，边缘有粗锯齿，上面暗绿色，下面苍白色，除下面脉腋处簇生褐色毛外，均光滑无毛；叶柄长 2～3cm，无毛。聚伞花序下垂，长 4～8cm；舌状苞片黄绿色，长 4～5cm，有短柄，苞片中脉的前 1/2 与花序轴合生；萼片 5；花瓣 5，黄绿色，长 6～7mm；较少，约 20 枚，无退化雄蕊。果实近球形或长圆形，有褐色毛。花期 6 月，果期 9 月。

边缘有粗锯齿、舌状苞片黄绿色、苞片中脉的前 1/2 与花序轴合生，是紫椴、蒙椴共有特征。但紫椴叶缘较规则，蒙椴叶缘不规则，常常因浅裂形成的明显突起；紫椴无退化雄蕊，蒙椴有退化雄蕊。

2. 资源价值

花、花粉、根可入药，可清热解毒，用于治感冒、发热、肾盂肾炎、口腔炎、喉炎等。

木材可制家具及胶合板；茎皮纤维可代麻和纺织用；种子可榨取工业用油；花可用于提取香料。是重要蜜源树种。

树形优美，花香怡人，具有较强抗烟、抗毒性，害虫较少，可作庭园供观赏植物或作为行道树。

3. 研究现状

紫椴的人工种苗繁殖已有成熟技术，大面积种植已获成功。

现代科技研究表明，紫椴花多糖具有良好抗氧化性，具有抗炎、镇痛及抗菌作用，具有潜在的药用开发价值。但其化学成分及药理方面理论研究不足，药用及香料价值尚未得到有效开发。

4. 2012—2016 年与 1978 年植物分布区域比较

1978 年调查发现，紫椴在赤城县有分布。2012—2016 年调查发现，紫椴分布在兴隆县、滦平县境内，与 1978 年相比，分布区域有所变化。在分布区内，紫椴多分布于山林中，数量较少。

| 1978年调查中紫椴分布区域 | 2012—2016年调查中紫椴分布区域 |

5. 受威胁状况

已被列入《中国国家重点保护野生植物名录（第二批）讨论稿》及《河北省重点保护野生植物名录》。

此次调查中，成熟植株数量少于 50 株，分布区 ≤ 5。

建议受威胁状态评价为：极危。

建议设立保护区，进行人工繁育，恢复野外种群数量，同时推广仿生种植。

蒙椴 *Tilia mongolica* Maxim.

1. 形态特征

乔木，高 10m，树皮淡灰色，有不规则薄片状脱落；嫩枝无毛，顶芽卵形，无毛。叶阔卵形或圆形，长 4～6cm，宽 3.5～5.5cm，先端渐尖，常出现 3 裂，基部微心形或斜截形，上面无毛，下面仅脉腋内有毛丛，侧脉 4～5 对，边缘有粗锯齿，齿尖突出；叶柄长 2～3.5cm，无毛，纤细。聚伞花序长 5～8cm，有花 6～12 朵，花序柄无毛；花柄长 5～8mm，纤细；苞片舌状，黄绿色，长 3.5～6cm，宽 6～10mm，前半部与花序柄合生；萼片 5；花瓣 5，黄绿色，长 6～7mm；退化雄蕊花瓣状，稍窄小；雄蕊与萼片等长；子房有毛。果实倒卵形，长 6～8mm，被毛，有棱或有不明显的棱。花期 7 月。

边缘有粗锯齿、舌状苞片黄绿色、苞片中脉的前 1/2 与花序轴合生，是蒙椴、紫椴共有特征。但蒙椴叶缘不规则，常常因浅裂形成的明显突起，紫椴叶缘较规则，无浅裂；蒙椴有花瓣状退化雄蕊，紫椴无退化雄蕊。

2. 资源价值

木材纹理细致紧密，是优质建筑材料。花冠秀美、秋叶亮绿，抗污染能力强，可用于城市绿化。茎皮纤维坚韧，可用于造纸或替代麻。椴树花制成的干花不但可以食用，还是制作饮料的上等原料；鲜花浓郁芳香，是良好蜜源植物。叶是很好的饲料；果实可榨油。

3. 研究现状

现代研究发现，蒙椴具有抑制光肩星天牛的作用，目前有多项针对蒙椴树叶、树皮等部位有效成分、结构鉴定的研究成果，将为新药物开发提供理论基础。

4. 2012—2016 年与 1978 年植物分布区域比较

1978年调查发现，蒙椴在平山、唐县、涞水、尚义、康保、隆化等6个县区有分布。2012—2016年调查发现，蒙椴主要分布在尚义、赤城县境内，与1978年相比，分布区域发生变化且明显减少。在分布区内，蒙椴多在山林中成群落存在，数量较多。

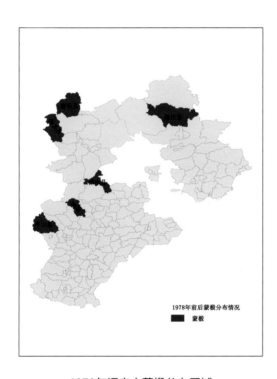

1978年调查中蒙椴分布区域   2012—2016年调查中蒙椴分布区域

5. 受威胁状况

已列入《河北省重点保护野生植物名录》。

此次调查中，成熟植株数量为 250～1 000 株，分布区 ≤ 5。

建议受威胁状态评价为：易危。

建议避免对野生植株的过度砍伐，同时推广人工种植。

二十五、猕猴桃科

软枣猕猴桃 *Actinidia arguta* (Sieb.et Zucc) Planch. ex Miq.

1. 形态特征

大型落叶藤本；小枝基本无毛或幼嫩时星散地薄被绒毛，长 7～15cm，隔年枝灰褐色，直径 4mm 左右，洁净无毛或部分表皮呈污灰色皮屑状；髓白色至淡褐色，片层状。单叶互生，卵形、长圆形、阔卵形至近圆形，长 6～12cm，宽 5～10cm，顶端急短尖，基部圆形至浅心形，等侧或稍不等侧，边缘具繁密的锐锯齿；网状细脉明显；叶柄长 3～6cm。聚伞花序，具 3～7 花，腋生；小花有柄；苞片线形。花单性，萼片 5；花瓣 5，白色，带浅绿色；雄蕊多数，离生；子房瓶状。浆果圆球形至柱状长圆形，长 2～3cm，有喙或喙不显著，无毛，无斑点，不具宿存萼片，未熟时绿色，成熟时绿黄色或紫红色。种子纵径约 2.5mm。

软枣猕猴桃为大型藤本，单叶互生，叶卵形至近圆形，以上特征与南蛇藤、狗枣猕猴桃、葛枣猕猴桃相似。①南蛇藤为蒴果，其他三种植物果实为浆果，果期易区别南蛇藤与其他三者。②软枣猕猴桃茎具片状髓，花药紫色，果期萼片脱落，果实较大，先端钝圆；狗枣猕猴桃茎具片状髓，花药黄色，果期萼片宿存，果实较细小、先端较尖；葛枣猕猴桃茎具实心髓，花药橘红色，果期萼片宿存，果实先端有短喙。

2. 资源价值

根、茎皮、果可入药，具清热解毒、健胃、利湿、滋补强身、生津润肺功效，可用于吐血、慢性肝炎、痢疾、月经不调、跌打损伤、风湿关节痛、热寒反胃、呕逆、丝虫病、瘰疬、痈疖肿毒等症的治疗。

果实主要用于生食、酿酒、加工蜜饯果脯等。外国引种本变种大多用作绿化观赏植物。

3. 研究现状

组织培养繁育技术已成熟，可进行软枣猕猴桃种苗的工厂化生产。

对其多糖组分及其抗氧化活性，已进行系统研究。

果实营养价值高，其维生素C含量高达450 mg/100g，是苹果、梨的80～100倍，柑橘的5～10倍。果实中还含有氨基酸、类胡萝卜素、镁、铁、钾、钠等多种营养成分。果实既可生食，也可制果酱、蜜饯、罐头、酿酒等。花为蜜源，也可提芳香油。软枣猕猴桃是1901年至2000年人工驯化栽培最成功的野生果树品种之一。

4. 2012—2016年与1978年植物分布区域比较

1978年调查发现，软枣猕猴桃在武安、赞皇、井陉、灵寿、承德、迁西、青龙等7个县区有分布。2012—2016年调查发现，软枣猕猴桃主要分布在武安、平山、灵寿、阜平、涿鹿、兴隆、宽城、青龙、迁西、迁安、抚宁等11个县，与1978年相比，分布区域有所变化且明显增加。在分布区内，软枣猕猴桃多在山林中成片存在，数量较多。

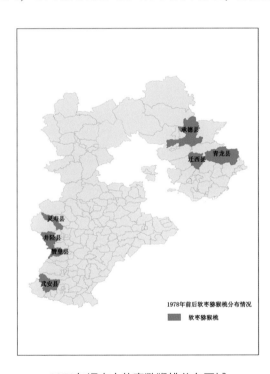

1978年调查中软枣猕猴桃分布区域

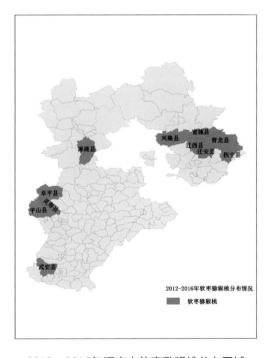

2012—2016年调查中软枣猕猴桃分布区域

5. 受威胁状况

已被列入《中国国家重点保护野生植物名录（第二批）讨论稿》及《河北省重点保护野生植物名录》。

此次调查中，成熟植株数量250～1 000株，分布点＞5。

无序采果、无序移栽对植株数量影响较大，建议受威胁状态评价为：易危。

建议设立保护区，进行人工繁育，恢复野外种群数量，同时推广仿生种植。

狗枣猕猴桃 *Actinidia kolomikta* (Maxim. et Rupr.) Maxim.

1. 形态特征

攀缘藤本，长可达15m。常缠绕在树木上，有时伏卧地上，很少直立，分枝细而多；皮暗褐色；髓片层状，褐色。小枝有卵圆状带黄色的皮孔；芽为叶痕所包被；单叶互生，卵圆形，椭圆状卵形或长圆状倒卵形，长8～13cm，宽5～10cm，先端渐尖呈尾状，基部心形，很少圆形；叶缘有细的单锯齿或重锯齿；具叶柄。花雌雄异株或杂性，雄花通常3朵，稀1～5朵组成聚伞花序；雌花或两性花单生。萼片5；花瓣5，圆形或倒卵形，白色或玫瑰色，芳香。雄花：子房不发

育，无花柱；花药黄色。雌花：有发育的正常雄蕊，雄蕊短，很少有授粉能力，雌花子房长圆形，柱头8～15，基部合生，上部离生。浆果，呈长圆状椭圆形，少为球形或扁圆形，长15～18mm，宽10～12mm，光滑，未熟时暗绿色，成熟时淡橘红色，有12条纵的深色条纹；果柄在果半熟时干枯，花柱及萼片在果期不脱落；种子暗褐色，长圆形，长2mm，宽1mm。花期6—7月，果期9—10月。

狗枣猕猴桃与软枣猕猴桃、葛枣猕猴桃相似。狗枣猕猴桃茎中为片状髓，萼片宿存，花药黄色，果实先端稍尖，可与软枣猕猴桃、葛枣猕猴桃区别。

2. 资源价值

果味酸甜可食，富含维生素C，可制果酱或糖浆；茎皮纤维可制绳索或作纺织原料，坚固耐用。

3. 研究现状

多为利用野生资源，人工栽培已开始出现，规模化栽培技术、组培快繁技术已基本成熟。

现代研究表明，狗枣猕猴含大量多酚、萜类、挥发油类、多糖等化合物，具有抗氧化、延缓衰

老、增强免疫力、保护神经元、治疗溶血症及抗癌等多种作用。利用分子标记及生物信息学技术，已对狗枣猕猴进行了分子系统学研究。

4. 2012—2016 年与 1978 年植物分布区域比较

1978 年调查发现，狗枣猕猴桃在青龙县及承德市各县均有分布。2012—2016 年调查发现，狗枣猕猴桃主要分布在涞水、兴隆、青龙、抚宁等 4 个县，与 1978 年相比，分布区域明显减少。在分布区内，狗枣猕猴桃多在山林中成片存在，数量较多。

1978 年调查中狗枣猕猴桃分布区域

2012—2016 年调查中狗枣猕猴桃分布区域

5. 受威胁状况

已被列入《中国国家重点保护野生植物名录（第二批）讨论稿》及《河北省重点保护野生植物名录》。

此次调查中，成熟植株数量为 50～250 株，分布点 ≤ 5，较少。

建议受威胁状态评价为：濒危。

已设立保护区，人工繁育也取得了一定成效。建议推广仿生种植。

葛枣猕猴桃 *Actinidia polygama* (Sieb.et Zucc.) Maxim

1. 形态特征

大型落叶藤本；着花小枝细长，一般20cm以上，直径约2.5mm，基本无毛，最多幼枝顶部略被微柔毛，皮孔不很显著；髓白色，实心。叶膜质（花期）至薄纸质，卵形或椭圆卵形，长7～14cm，宽4.5～8cm；顶端急渐尖至渐尖，基部圆形或阔楔形，边缘有细锯齿；有时中脉上着生少数小刺毛；叶脉比较发达，在背面呈圆线形，侧脉上段常分叉，横脉颇显著，网状小脉不明显；有叶柄。花序1～3花；苞片小，长约1mm；花白色，芳香，直径2～2.5cm；萼片5片，卵形至长方卵形，长5～7mm，两面薄被微茸毛或近无毛；花瓣5片，绿白色，倒卵形至长方倒卵形，长8～13mm，最外2～3枚的背面有时略被微茸毛；花药黄色；子房瓶状。果成熟时淡橘色，卵珠形或柱状卵珠形，长2.5～3cm，无毛，无斑点，顶端有喙，基部有宿存萼片。种子长1.5～2mm。花期6月中旬至7月上旬，果熟期9—10月。

葛枣猕猴桃茎中为实心髓，果实顶部有喙，基部有宿存萼片，可与狗枣猕猴桃、软枣猕猴桃区分。

2. 资源价值

虫瘿可入药，治疝气及腰痛；果实可食用。

3. 研究现状

我国多省有分布。其人工种植、组培快繁、扦插繁殖等技术已研究成功。

现代研究表明，葛枣猕猴桃含山柰酚、胡萝卜苷、伞形花内酯等多种成分，具有降血压、抗氧化及诱导某些癌细胞死亡的作用；从果实提取新药 Polygamol 为强心利尿的注射药。

目前，在食品加工中，葛枣猕猴桃果实可酿酒、榨汁或制作干果，叶和芽可制茶。

通常认为，本种是传统中药植物木天蓼，但也有部分研究否定这一结论。

河北省农业野生植物资源调查及保护报告

117

4. 2012—2016 年与 1978 年植物分布区域比较

1978 年调查发现，葛枣猕猴桃在承德、青龙等 2 个县区有分布。2012—2016 年调查发现，葛枣猕猴桃主要分布在抚宁县，与 1978 年相比，分布区域明显减少。在分布区内，葛枣猕猴桃多在山林中存在，数量较少。

1978年调查中葛枣猕猴桃分布区域　　　　　2012—2016年调查中葛枣猕猴桃分布区域

5. 受威胁状况

已被列入《中国国家重点保护野生植物名录（第二批）讨论稿》及《河北省重点保护野生植物名录》。

此次调查中，成熟植株数量为 50 ～ 250 株，分布区 ≤ 5。

建议受威胁状态评价为：濒危。

建议设立保护区，进行人工繁育，恢复野外种群数量，同时推广仿生种植。

二十六、堇菜科

鸡腿堇菜 *Viola acuminata* Ledeb.

1. 形态特征

多年生草本，根茎较粗，茎单生或丛生，高10～50cm。叶互生，叶片卵形或心状卵形，先端短尖或长渐尖，基部浅心形至心形，边缘有钝锯齿，两面有细短伏毛；叶柄较长，有较密或稀的毛，有时无毛；托叶较大，常羽状深裂，裂片细长，有时裂片浅，牙齿状，仅基部与叶柄合生，常有白毛，花梗腋生，长2～7cm，苞片生于花梗中部或稍上；萼片线状披针形，长7～10mm，基部附属物短，末端截形，全缘或有时有齿裂；花白色或淡紫色，侧瓣有须毛，下瓣连距长8～15mm，距粗短，端钝圆；子房无毛，花柱顶端稍弯呈短钩状。蒴果椭圆形，无毛。花期5月。

有地上茎，花直径在2.5 cm以下，托叶羽状裂，花白色或淡绿白色，以上特征可将鸡腿堇菜与本属其他植物相区别。

2. 资源价值

全草入药，有清热解毒、渗湿利尿、消肿止痛功效，用于急、慢性肝炎，早期肝硬化，阑尾炎，痈肿疔疮，急性结膜炎等症。可作野菜，食用。

3. 研究现状

未见人工种植。

仅有零星文献，如通过对鸡腿堇菜及其他几种堇菜属植物进行显微结构比较，确定其分类关系等。

4. 2012—2016 年与 1978 年植物分布区域比较

1978 年调查发现，鸡腿堇菜在武安、沙河、内丘、临城、赞皇、元氏、井陉、鹿泉、平山、灵寿、行唐、阜平、顺平、易县、涞水、蔚县、涿鹿、兴隆等 18 个县区有分布。2012—2016 年调查发现，鸡腿堇菜主要分布在平山县，与 1978 年相比，分布区域明显减小。在分布区内，鸡腿堇菜多在林下成片存在，数量较多。

1978年调查中鸡腿堇菜分布区域　　　　　2012—2016年调查中鸡腿堇菜分布区域

5. 受威胁状况

已列入《河北省重点保护野生植物名录》。

此次调查中，成熟植株数量为 50 ～ 250 株，分布点≤ 5。

建议受威胁状态评价为：濒危。

建议设立保护区，进行人工繁育，恢复野外种群数量，同时推广仿生种植。

二十七、八角枫科

八角枫 *Alangium chinense* (Lour.) Harms

1. 形态特征

落叶乔木或灌木，高 3～5m，稀达 15m，胸高直径 20cm；小枝略呈"之"字形，幼枝紫绿色，冬芽锥形，生于叶柄的基部内，为柄下芽。单叶互生，叶形变化大，为近圆形或椭圆形、卵形，顶端短锐尖或钝尖，长 13～26cm，宽 9～22cm，不分裂或 3～9 裂，裂片短锐尖或钝尖；基部两侧常不对称基出脉 3～5，呈掌状；有叶柄，长 2.5～3.5cm。聚伞花序腋生，长 3～4cm，有 7～50 花；小苞片线形或披针形，常早落；花萼长 2～3mm，顶端 5～8 裂；花冠圆筒形，长 1～1.5cm，花瓣 6～8，线形，长 1～1.5cm，宽 1mm，基部黏合，上部开花后反卷，初为白色，后变黄色；雄蕊和花瓣同数而近等长，花丝略扁，花药较长，为 6～8mm；花盘近球形；柱头头状，常 2～4 裂。核果卵圆形，长约 5～7mm，种子 1 颗。花期 5—7 月和 9—10 月，果期 7—11 月。

2. 资源价值

本种药用，根、根皮、叶、花、树皮等均可入药，根名白龙须，茎名白龙条，治风湿、跌打损伤、外伤止血等。可作蜜源植物。树皮纤维可编绳索。木材可做家具及天花板。

3. 研究现状

对八角枫有性生殖过程、育苗进行了初步研究。

现代研究表明，八角枫的有效成分为生物碱、烯、醇、醚类、苷类，有抗风湿、抗肌肉松弛、加强催眠、抑菌、抗癌及治疗心力衰竭的作用。

4. 2012—2016 年与 1978 年植物分布区域比较

1978 年调查发现，八角枫在武安、沙河、赞皇、井陉等 4 个县区有分布。2012—2016 年调查发现，八角枫主要分布在涉县，与 1978 年相比，分布区域明显减小。在分布区内，八角枫多在山林中零星存在，数量较少。

<table>
<tr><td>1978年调查中八角枫分布区域</td><td>2012—2016年调查中八角枫分布区域</td></tr>
</table>

5. 受威胁状况

已列入《河北省重点保护野生植物名录》。

此次调查中，成熟植株数量少于 50 株，分布区 ≤ 5。

建议受威胁状态评价为：极危。

建议设立保护区，进行人工繁育，恢复野外种群数量，同时推广仿生种植。

二十八、五加科

刺五加 *Acanthopanax senticosus* (Rupr. Maxim.) Harms

1. 形态特征

灌木，高 1～6m；分枝多，1～2 年生枝常密生刺，稀，仅节上生刺或无刺；刺针状，细长。掌状复叶，小叶常为 5 枚，稀 8 或 41 叶柄常被疏细刺，小叶片椭圆状倒卵形或长圆形，先端渐尖，基部阔楔形，脉上具粗毛，叶缘常具锐利重锯齿。由伞形花序组成稀疏的圆锥花序，稀为伞形花序单个顶生；总花梗长 5～7cm；萼筒无毛，边缘近全缘或具不明显

的 5 个小齿；花瓣 5，紫色或黄白色，长约 2mm；雄蕊 5；子房 5 室，花柱全部合生成柱状。果实球形或卵球形，具 5 棱，黑色，具宿存花柱。花期 6—8 月，果期 8—10 月。

灌木、枝上常密生皮刺、掌状复叶、小叶 3～5 枚为刺五加、无梗五加、红毛五加共同特征，三者较相似。刺五加具排列疏松的复伞形花序，花紫色或黄白色，花柱全部合生成柱状；无梗五加具紧密的头状花序组成的圆锥花序，花紫褐色；红毛五加为伞形花序，花白色，花柱 5，基部合生，可据此区分三者。

2. 资源价值

传统中药，茎、叶、花、果实均可入药，具有类似人参的"扶正固本"作用；根皮可代"五加皮"用。

3. 研究现状

目前，刺五加人工栽培技术发展很快，刺五加园、刺五加经济林营建技术等研究均取得一定结果。

现代研究表明，刺五加的药用价值极高，有抗疲劳、延缓衰老、增强免疫力、降压、降血糖、抗血栓、抗肿瘤、抗辐射和升高白细胞的作用，临床广泛应用于神经衰弱、糖尿病、动脉硬化、风湿症、风湿性心脏病等多种疾病。

刺五加叶和果可食用，叶可作蔬菜、茶叶，刺五加果可用于药酒、果茶、果汁饮料、果酱及加工天然食用色素等；种子含油率达 12.4%，是有较大开发潜力的油脂植物。

4. 2012—2016 年与 1978 年植物分布区域比较

近年来，随着旅游、放牧及采摘等人为活动的增加，刺五加的野生资源受到影响，资源储量大幅度减少。1978 年调查发现，刺五加在赞皇、元氏、井陉、鹿泉、平山、灵寿、蔚县、阳原、崇礼、兴隆、平泉、围场等 12 个县区有分布。2012—2016 年调查发现，刺五加主要分布在平山、阜平、阳原、丰宁、隆化、滦平、承德、兴隆、青龙等 9 个县，与 1978 年相比，分布区域有所变化。在分布区内，刺五加多在林下成小群落存在。

 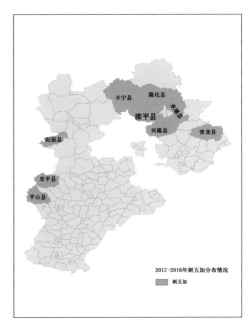

1978 年调查中刺五加分布区域　　　　　　2012—2016 年调查中刺五加分布区域

5. 受威胁状况

已被列入《中国国家重点保护野生植物名录（第二批）讨论稿》及《河北省重点保护野生植物名录》。

此次调查中，成熟植株数量为 50 ～ 250 株，分布点＞ 5。

建议受威胁状态评价为：濒危。

建议设立保护区，进行人工繁育，恢复野外种群数量，同时推广仿生种植。

无梗五加 *Acanthopanax sessiliflorus* (Rupr. Maxim.) Seem

1. 形态特征

灌木或小乔木，高2～5m；枝灰色，无刺或疏生刺；刺粗壮，直或弯曲。掌状复叶互生，有小叶3～5枚；叶柄长3～12cm，无刺或有小刺；小叶倒卵形或长圆状倒卵形至长圆状披针形，稀椭圆形，长8～18cm，宽3～7cm，先端渐尖，基部楔形，两面均无毛，边缘有不整齐锯齿，稀重锯齿状；有小叶柄。头状花序紧密，球形，直径2～3.5cm，有花多数，5～6个

稀多至10个组成顶生圆锥花序或复伞形花序；总花梗长0.5～3cm，密生短柔毛；花无梗；萼密生白色绒毛，边缘有5小齿；花瓣5，浓紫色，长1.5～2mm，外面有短柔毛，后毛脱落；子房2室，花柱全部合生成柱状，柱头离生。果实倒卵状椭圆球形，黑色，长1～1.5cm，稍有棱，宿存花柱长达3mm。花期8—9月，果期9—10月。

刺五加与无梗五加、红毛五加均为灌木，枝上常密生皮刺、掌状复叶、小叶3～5枚，三者较相似。无梗五加具紧密的头状花序组成的圆锥花序，花浓紫色，花柱合生；刺五加具排列疏松的复伞形花序，花紫色或黄白色，花柱合生；红毛五加为伞形花序，花白色，花柱5，基部合生，可据此区分三者。

2. 资源价值

传统中药，根皮入药，具有祛风化湿、健胃利尿之功效，用于风寒湿痹、腰膝疼痛、筋骨痿软、体虚羸弱、跌打损伤、骨折、水肿、脚气、阴下湿痒。

嫩茎是辽东野蔬中传统食用珍品。

3. 研究现状

人工栽培技术成熟，可用扦插繁殖、种子繁殖等。

无梗五加主要含苷类、木脂素、甾体类化合物及酸性成分，具有抗炎镇痛、抗应激、解热镇痛等多种药理活性，开发前景广阔。

4. 2012—2016 年与 1978 年植物分布区域比较

1978 年调查发现, 无梗五加在易县、蔚县、兴隆等 3 个县区有分布。2012—2016 年调查发现, 无梗五加主要分布在兴隆、宽城、承德等 3 个县, 与 1978 年相比, 分布区域有所变化。在分布区内, 无梗五加多在山林中成小群落存在, 数量较少。

1978 年调查中无梗五加分布区域

2012—2016 年调查中无梗五加分布区域

5. 受威胁状况

已列入《河北省重点保护野生植物名录》。

此次调查中, 成熟植株数量为 50 ～ 250 株, 分布点≤ 5, 较少。

建议受威胁状态评价为: 濒危。

建议设立保护区, 进行人工繁育, 恢复野外种群数量, 同时推广仿生种植。

二十九、伞形科

雾灵柴胡 *Bupleurum sibiricum* var. *jeholense* (Nakai) Chu

1. 形态特征

多年生草本。多丛生，高 30～70cm，基部常带紫红色，有纤维状叶鞘。单叶互生；基生叶长 12～20cm，宽 1～1.5 cm，卵状披针形；上部叶渐窄小。复伞形花序，直径 4～6cm；伞辐 5～14，粗壮；总苞片 5 枚，披针形或卵状披针形，长过于花和果实。小总苞片 5 枚，淡黄绿色，大而宽，花瓣状，椭圆状披针形，顶端渐尖或急尖，长 5～7mm，宽 2～3mm；小伞形花序直径 8～15mm，有花 10～22 朵；花瓣 5，鲜黄色；花柱基深黄色，宽于子房。果实成熟时暗褐色，微有白霜，广卵状椭圆形，长 3～4mm，宽 2.5～3mm。果棱狭翼状，每棱槽中油管 3，合生面 4～6。花期 7—8 月，果期 8—9 月。

草本，单叶互生，全缘，复伞形花序，小总苞片卵形，大而宽，花瓣黄色，果实无毛，是雾灵柴胡及黑柴胡共有特性。雾灵柴胡根红棕色，基生叶长 12～20cm，宽 1～1.5 cm，叶略窄；小总苞片 5 枚。黑柴胡根黑褐色，基生叶长 10～20cm，宽 1～2 cm，叶更宽；小总苞片 6～9 枚。

2. 资源价值

河北省特有物种。干燥根入药，有解热镇痛利胆等作用。柴胡可以在煮粥时加入少许，也可以与山楂、当归等泡冲成茶饮用，可起到食疗作用。

3. 研究现状

仅有个别调查研究报告中涉及本物种。

4. 2012—2016 年与 1978 年植物分布区域比较

1978 年调查发现，雾灵柴胡在蔚县、怀来、兴隆等 3 个县区有分布。2012—2016 年调查发现，雾灵柴胡主要分布在阳原县，与 1978 年相比，分布区域有所变化且明显减少。在分布区内，雾灵柴胡多在草丛中零星存在，数量较少。

| 1978年调查中雾灵柴胡分布区域 | 2012—2016年调查中雾灵柴胡分布区域 |

5. 受威胁状况

已列入《河北省重点保护野生植物名录》。

此次调查中，成熟植株数量为 50～250 株，分布点≤5。

建议受威胁状态评价为：濒危。

建议设立保护区，进行人工繁育，恢复野外种群数量，同时推广仿生种植。

黑柴胡 *Bupleurum smithii* Wolff

1. 形态特征

多年生草本，高 30～50cm。根黑褐色。茎单生或少数自基部分枝，直立，有纵棱。基生叶丛生，长圆状披针形，长 10～20cm，宽 1～2cm，先端钝或急尖，有小突尖，基部渐狭成短柄，叶基带紫红色，扩大抱茎，叶脉 7～9 条，叶缘白色，膜质；中部茎生叶狭长圆形或倒披针形，下部较狭成短柄或无柄，先端短渐尖，基部抱茎，叶脉 11～15 条；上部叶渐小，长卵形，长 1.5～7.5cm，宽可达 1.7cm，基部扩大，先端长渐尖，叶脉 21～31 条。复伞形花序，总苞片 1～2 枚或缺，伞辐 6～9，不等长；小总苞片 6～9 枚，卵形至阔卵形，先端有小短尖头，长 6～10mm，宽 3～5mm，黄绿色，长超过小伞形花序 0.5～1 倍，小伞形花序有花 10 余朵，花瓣黄色，花柱干时紫褐色。双悬果褐紫色，卵形，长 3～4mm，棱薄，狭翅状，每棱槽中有油管 3。花期 7—8 月，果期8—9 月。

雾灵柴胡及黑柴胡相似，二者均具有草本、单叶互生、叶全缘、复伞形花序、小总苞片卵形且大而宽、花瓣黄色、果实无毛等共有特性。但黑柴胡根黑褐色，基生叶长 10～20cm，宽 1～2 cm；小总苞片6～9 枚。雾灵柴胡根红棕色，基生叶长 12～20cm，宽1～1.5 cm；小总苞片 5 枚。

2. 资源价值

根是传统中药，具有解表和里、疏肝解郁、升提中气之功效。

3. 研究现状

柴胡基原植物较多，且柴胡已实现规模化种植，并选育出多个适宜人工种植的优良品种。目前，并无专门针对黑柴胡栽培技术、品种选育的研究。

现代研究表明，黑柴胡含有皂苷、挥发油、木脂素等成分，其中柴胡总皂苷、柴胡皂苷 a、柴胡皇苷d 已被证实具有解热、镇痛、抗炎、免疫调节、抗肝损伤、抗肝纤维化等药理活性。近年来还对黑柴胡的

鉴别、检测方法进行了系统研究，发现用薄层色谱法对黑柴胡进行鉴别，方法简便灵敏、稳定，完善了黑柴胡药材的质量标准。

4. 2012—2016年与1978年植物分布区域比较

1978年调查发现，黑柴胡在内丘、蔚县、涿鹿、崇礼、赤城、遵化等6个县区有分布。2012—2016年调查发现，黑柴胡主要分布在崇礼、康保、围场、平泉等4个县，与1978年相比，分布区域变化明显。在分布区内，黑柴胡多在草丛中零星存在，数量较少。

1978年调查中黑柴胡分布区域　　　　　2012—2016年调查中黑柴胡分布区域

5. 受威胁状况

已列入《河北省重点保护野生植物名录》。

此次调查中，成熟植株数量为50～250株，分布点≤5，较少。

建议受威胁状态评价为：濒危。

建议设立保护区，进行人工繁育，恢复野外种群数量，同时推广仿生种植。

珊瑚菜 *Glehnia littoralis* Fr. Schmidt ex Miq.

1. 形态特征

多年生草本。根茎细长，根长而稍粗，深入沙中，径达 2cm，肉质，表面黄白色。地上茎短，高约 15cm，稍分枝，密被淡灰褐色柔毛。单叶互生，基生叶有长柄，和叶片近等长，叶片广三角状卵形，长 5～14cm，三出或二回三出羽状深裂，末回裂片倒卵形或倒卵状椭圆形，先端钝圆，边缘具尖齿，茎生叶和基生叶相似，有时完全退化成鞘状。复伞形花序直径 4～10cm，花梗密被白色柔毛，无总苞

（刘冰 拍摄）

片或仅 1 片，伞辐 10～16，不等长，密被白色柔毛，小总苞片 9～13 枚，线状披针形；小伞形花序有花 15～20 朵；花瓣 5，白色或带紫堇色。双悬果广倒卵形，长 4～6mm，密被白色或淡棕色多细胞柔毛，果棱翅状，肥厚，油管多数，紧贴于种子外围。花期 6—7 月，果期 7—8 月。

植株密被淡灰褐色柔毛，三出或二回三出羽状深裂，复伞形花序直径 4～10cm，花梗密被白色柔毛，果实密被白色或淡棕色有关节的多细胞柔毛，果棱呈翅状，为珊瑚菜识别特征。

（刘冰 拍摄）

2. 资源价值

根入药，名北沙参，有滋养、生津、祛痰、止咳之效。根和芽含芳香油，根内含淀粉。嫩叶可做蔬菜。对遏制土地的盐渍化和提高盐荒地的利用具有重要意义。

3. 研究现状

对珊瑚菜胚状体途径进行再生研究，取得一定成果。

对珊瑚菜有效成分提取工艺研究表明，冷浸提取物抗氧化活性优于回流和索氏提取；提取物对肺癌细胞株和肝癌细胞株在体外均有一定的抑制作用，但对胃癌细胞株几乎没有抑制作用。

在野生珊瑚菜外围起垄后，发现珊瑚菜的密度、幼苗数量、结实量均降低或减少，更新过程明显受阻，推测沙垄可能通过抑制潮水对种子的传播而阻碍珊瑚菜的天然更新。

4. 2012—2016 年与 1978 年植物分布区域比较

1978 年调查发现，珊瑚菜在北戴河有分布。2012—2016 年调查发现，珊瑚菜主要分布在昌黎县，与 1978 年相比，分布区域略有变化。在分布区内，珊瑚菜多在海滩沙地中零星存在，数量较少。

5. 受威胁状况

1978年调查中珊瑚菜分布区域   2012—2016年调查中珊瑚菜分布区域

已被列入《中国国家重点保护野生植物名录（第二批）讨论稿》及《河北省重点保护野生植物名录》。

此次调查中，成熟植株数量少于 50 株，且仅发现 1 个分布点。

建议受威胁状态评价为：极危。

目前已设立保护区，建议进行人工繁育，尽快恢复野外种群数量，同时推广仿生种植。

三十、白花丹科

二色补血草 *Limonium bicolor* (Bag.) Kuntze

1. 形态特征

多年生草本，高20～70cm，全株除萼外均光滑无毛。基生叶匙形、倒卵状匙形，长2～7cm，宽1～2.5cm，先端钝，有时具短尖头，基部渐狭下延成扁平的叶柄，全缘。花序轴1～5，多分枝，无叶，有不育小枝，花2～4朵集成小穗，3～5个小穗组成穗状花序，由穗状花序再在花序分枝的顶端或上部组成或疏或密的圆锥花序，外苞片有狭膜质边缘，第一内苞片与外苞片相似，有宽膜质边缘，紫红色、栗褐色或绿色；萼长6～8mm，漏斗状；萼筒沿脉密被细硬毛，萼檐宽阔，开张幅径与萼的长度相等，在花蕾中或展开前呈紫红色或粉红色，后变白色，宿存；花冠黄色，花瓣5，基部连合，顶端微凹；雄蕊5，下部1/4与花瓣基部合生；子房长圆形，花柱5，离生，柱头细圆柱形。果实具5棱。花果期5—10月。

2. 资源价值

全草入药，具补血、止血、散瘀、调经、益脾、健胃等功能，可治疗崩漏、尿血、月经不调等症。既耐寒又耐盐碱，管理粗放，是良好的盐碱地区地被植物。二色补血草花干枯后不凋，还是一种极具开发潜力的天然野生花卉，可作切花用。

3. 研究现状

二色补血草有效成分含黄酮、多糖、无机元素、挥发油等；动物试验中，二色补血草提取物能促进血小板聚集及血管收缩，缩短大鼠出血时间；还有抗菌、消炎及抑癌等作用，因而可用于治尿血崩血、月经不调、肾癌、胃癌等症。

同时，二色补血草有良好的生态作用，其泌盐机制较特殊，除了可适应恶劣的环境条件，还可改善近地面局部小环境，可作为沙漠地区的先锋植物；此外，作为盐碱地拓荒植物，它还具有改良盐碱地的功能。

4. 2012—2016 年与 1978 年植物分布区域比较

1978 年调查发现，二色补血草在秦皇岛市各县、围场县、吴桥等 3 个地区有分布。2012—2016 年调查发现，二色补血草主要分布在尚义、沽源、丰宁、围场等 4 个县，与 1978 年相比，分布区域有所变化及增加。在分布区内，二色补血草多在草丛中存在，数量较多。

| 1978年调查中二色补血草分布区域 | 2012—2016年调查中二色补血草分布区域 |

5. 受威胁状况

已列入《河北省重点保护野生植物名录》。

此次调查中，成熟植株数量为 250～1 000 株，分布点＞5。

建议受威胁状态评价为：易危。

建议避免对野生植株的过度采摘，同时推广人工种植。

三十一、木犀科

连翘 *Forsythia suspense* (Thunb.) Vahl

1. 形态特征

稍蔓生落叶灌木，枝直立或下垂，高可达4m。小枝褐色，髓中空，稍四棱形。叶对生，单叶或羽状三出复叶，顶端小叶大，其余2小叶较小，卵形至长圆状卵形，长3～10cm，宽2～5cm，先端尖或基部阔楔形或圆形，叶缘除基部外有不整齐锯齿。先叶开花，1朵至多朵腋生，通常单生，黄色，长宽各2.5cm；萼裂片长椭圆形，有睫毛，与花冠筒等长，花冠裂片4，倒卵状椭圆形，花冠筒内有橘红色条纹；雄蕊2，着生在花冠筒基部。蒴果狭卵圆形，稍扁，2室，长约2cm，基部略狭，表面散生瘤点，果梗长1～1.5mm。花期3～4月，果期9月。

连翘与金钟花、迎春花相似，三者均为灌木，开黄花。但连翘有叶二型现象，即同时具有单叶、三出复叶两种叶型；金钟花仅具单叶；迎春仅具复叶。根据以上特征可区分三种植物。

2. 资源价值

为传统中药，果实入药，具有抗菌、消炎、解热的作用，常用连翘治疗风热感冒、痈肿疮毒、淋巴结核、尿路感染等症。常见早春观赏植物。种子榨油供制化妆品等。

3. 研究现状

育苗技术已成熟，可通过实生育苗、扦插育苗、容器育苗等技术进行育苗。

现代研究证明，连翘含有连翘苷、连翘酯苷、芦丁、齐墩果酸等主要化学成分，具有抗菌、抗炎、抗肿瘤、解热、抗肝损、兴奋中枢神经、抗内毒素、镇吐利尿强心的作用，此外，还有抗病毒、降血压、抑制磷酸二酯酶以及抑制蛋白酶活性作用。

4. 2012—2016 年与 1978 年植物分布区域比较

由于连翘是良好的园林花卉植物，在一些地区存在严重的挖取、销售野生连翘现象，对野生连翘的生存造成较大威胁。在 1978 年调查发现，连翘在武安、磁县、涉县、沙河、井陉、青龙等 6 个县区有分布。目前连翘在河北省广为栽种，但 2012—2016 年调查仅记录了野生连翘。2012—2016 年调查发现，野生连翘主要分布在磁县、涉县，与 1978 年相比，分布区域明显减小。在分布区内，连翘多在山林中成丛存在。

1978年调查中连翘分布区域

2012—2016年调查中连翘分布区域

5. 受威胁状况

已列入《河北省重点保护野生植物名录》。

此次调查中，成熟植株数量为 250～1 000 株，分布点＞5。

建议受威胁状态评价为：易危。

建议设立保护区，进行人工繁育，恢复野外种群数量，同时推广仿生种植。

三十二、报春花科

岩生报春 *Primula saxatilis* Kom.

1. 形态特征

多年生草本，具短而纤细的根状茎，叶3～8枚丛生，叶片阔卵形至矩圆状卵形，长2.5～8cm，宽2.5～6cm，先端钝，基部心形，边缘具缺刻状或羽状浅裂，裂片边缘有三角形牙齿，上面深绿色，被短柔毛，下面淡绿色，被柔毛，但沿叶脉较密，中肋和5～7对侧脉在下面显著；叶柄长5～9（15）cm，被柔毛。花葶高10～25cm；伞形花序1～2轮，每轮3～9（15）花；苞片线形至矩圆状披针形，长3～8mm，疏被短柔毛，有时先端具齿；花梗稍纤细，长1～4cm，直立或稍下弯，被柔毛或短柔毛；花萼近管状，长5～6mm，疏被短毛或无毛，分裂达中部，裂片披针形至矩圆状披针形，直立，具明显的中肋；花冠淡紫红色，冠筒长12～13mm，外面近于无毛，冠檐直径1.3～2.5cm，裂片倒卵形，先端具深凹缺；长花柱花：雄蕊着生于冠筒中下部，花柱长略低于冠筒口；短花柱花：雄蕊稍低于喉部环状附属物，花柱长达冠筒中部。花期5—6月。

叶具明显的叶柄；花萼管状；花冠淡紫红色；雄蕊着生于花冠管周围，以上特征可将岩生报春与本属其他植物相区别。

2. 资源价值

观赏价值高，可作为盆花、花坛和园林地被栽培。

3. 研究现状

对影响种子萌发的因素进行了系统研究；通过肥料、赤霉素等栽培办法增进了岩生报春的发育，提早了花期；温室种植技术已成熟；利用胚拯救技术对岩生报春×翠南报春进行了杂交育种研究，取得了一定成果。

4. 2012—2016 年与 1978 年植物分布区域比较

1978 年调查发现，岩生报春在武安、沙河、内丘、临城、赞皇、元氏、井陉、鹿泉、平山、灵寿、行唐、阜平、顺平、易县、涞水、蔚县等 16 个县区有分布。2012—2016 年调查发现，岩生报春主要分布在阜平县，与 1978 年相比，分布区域明显减小。在分布区内，岩生报春多在草丛、崖边零星存在，数量较少。

1978年调查中岩生报春分布区域

2012—2016年调查中岩生报春分布区域

5. 受威胁状况

已列入《河北省重点保护野生植物名录》。

此次调查中，成熟植株数量少于 50 株，分布点 ≤ 5。

建议受威胁状态评价为：极危。

建议设立保护区，进行人工繁育，恢复野外种群数量，同时推广仿生种植。

胭脂花 *Primula maximowiczii* Regel

1. 形态特征

多年生草本，全株无毛。叶基生，长圆状倒披针形或倒卵状披针形，长6～25cm，宽2～4cm，先端钝圆，基部渐狭，下延成柄，边缘有细三角形牙齿。花序粗壮，高25～50cm，有1～3轮伞形花序，每轮有花4～16朵；苞片披针形，长3～6mm，先端长渐尖，基部相互连合；花梗长1～4cm；花萼钟状，筒部长7～10mm，裂片宽三角形，长15～25mm；花冠暗红色；筒长约1.5cm，裂片长圆形，全缘。通常反折；子

房长圆形，长2mm。蒴果圆柱形，伸出萼外，径4～6mm；种子黑褐色，具网纹。 花期6月。

叶全为基生，叶无柄；花冠裂片全缘，暗红色，以上特征可将胭脂花与本属其他植物相区别。

2. 资源价值

可供作观赏花卉。花大，紫红色，花色鲜艳，形态优雅美观，是点缀客厅、茶室、居室等场所的良好盆花材料，亦可用作插花。

3. 研究现状

已实现人工驯化栽培，对其组织培养技术、光合特性、温度对种子萌发的影响、高温对生长影响已进行了系统研究。

分析其主要黄酮类化学成分，为表儿茶素、芦丁、槲皮苷三种黄酮类物质。

4. 2012—2016 年与 1978 年植物分布区域比较

1978年调查发现，胭脂花在平山、灵寿、蔚县、涿鹿、张北、兴隆、丰宁、围场等8个县区有分布。2012—2016年调查发现，胭脂花主要分布在崇礼县、围场县，与1978年相比，分布区域明显减少。在分布区内，胭脂花多在林下成片存在，数量较多。

| 1978年调查中胭脂花分布区域 | 2012—2016年调查中胭脂花分布区域 |

5. 受威胁状况

已列入《河北省重点保护野生植物名录》。

此次调查中，成熟植株数量为 250～1 000 株，分布点≤5。

建议受威胁状态评价为：易危。

建议避免对野生植株的过度采摘，同时推广人工种植。

三十三、龙胆科

荇菜 *Nymphoides peltatum* (Gmel.) O. Kuntze

1. 形态特征

多年生水生草本。茎圆柱形，多分枝，密生褐色斑点，节下生根。上部叶对生，下部叶互生，叶片漂浮，近革质，圆形或卵圆形，直径1.5～8cm，基部心形，全缘，有不明显的掌状叶脉，下面紫褐色，密生腺体，粗糙，上面光滑，叶柄圆柱形，长5～10cm，基部变宽，呈鞘状，半抱茎。花常多数，簇生节上，5数；花萼长9～11mm，分裂近基部，裂片5，全缘；花冠金黄色，长2～3cm，直径2.5～3cm，分裂至近基部，冠筒喉部具5束长柔毛，裂片5，边缘具齿状毛；雄蕊5，着生于冠筒上，花丝基部疏被长毛；腺体5个，黄色，环绕子房基部。蒴果无柄，椭圆形，长1.7～2.5cm，宽0.8～1.1cm，宿存花柱长1～3mm，成熟时不开裂；种子大，褐色，椭圆形。花果期4—10月。

荇菜与睡莲科萍蓬草相似，均为水生，叶漂浮，叶圆形或卵圆形，基部心形，全缘，花黄色。荇菜花冠基部合生，花冠裂片边缘具齿状毛；萍蓬草花瓣分离，花瓣边缘全缘，可将二者区分。

2. 资源价值

荇菜味辛、性寒，无毒，可入药，用于治疗感冒发烧无汗、麻疹透发不畅、荨麻疹、水肿、小便不利等。

其嫩茎可食，也可以晒干菜。猪鸭鹅均喜食，是一种良好的水生青绿饲料。

荇菜群落对保护湿地多样性、维持生态平衡、净化水面起重要作用。

为野生花卉资源。

3. 研究现状

已进行人工种植，因其繁殖力和再生力强，常采用播种法、分株法和扦插法进行种植。

莕菜的主要有效成分为三萜、甾醇、黄酮等，其中三萜类齐墩果酸具有保肝、消炎、降糖、抗HIV 等的作用；熊果酸具有抑制血管生成、抗肿瘤、抗炎、抑菌等作用，具有重要的药用开发价值，但是目前对于莕菜的药理作用及临床应用研究报道较少，尚无严格质量控制标准。

4. 2012—2016 年与 1978 年植物分布区域比较

作为良好的水面观赏植物，无序采挖、销售对莕菜数量造成影响。1978 年调查发现，莕菜在河北省普遍分布。2012—2016 年调查发现，莕菜主要分布在曹妃甸，与 1978 年相比，分布区域明显减小。在分布区内，莕菜多在河道、湖泊中成片存在，数量较多。

| 1978年调查中莕菜分布区域 | 2012—2016年调查中莕菜分布区域 |

5. 受威胁状况

已列入《河北省重点保护野生植物名录》。

此次调查中，成熟植株数量为 250～1 000 株，分布点≤5，受威胁情况较严重。

建议受威胁状态评价为：易危。

建议设立保护区，进行人工繁育，恢复野外种群数量，同时推广仿生种植。

1. 形态特征

多年生草本，高 30～60cm。根粗壮，稍呈圆锥形，黄棕色。茎单一，斜升或直立，圆柱形，基部为纤维状的残叶基所包围。基生叶较大，窄披针形至窄倒披针形，少椭圆形，长 15～30cm，宽 1～5cm，先端钝尖，全缘，平滑无毛，五至七出脉，主脉在下面明显隆起；茎生叶较小，3～5 对，披针形，长 5～10cm，宽 1～2cm，三至五出脉。聚伞花序由数朵至 20 余朵花簇生枝顶成头状或腋生作轮状；花萼膜质，长 3～9mm，一侧裂开，具大小不等的萼齿 3～5；花冠管状钟形，长 16～27mm，具 5 裂片，直立，蓝色或蓝紫色，卵圆形，裂片间褶比裂片短，褶通常呈三角形。蒴果长椭圆形，长 15～20mm，近无梗，包藏在宿存花冠内；种子长圆形，长 1～1.3mm，宽约 0.5mm，棕色，具光泽，表面细网状。花期 7—9 月，果期 8—10 月。

2. 资源价值

根入药，具有祛风湿、清湿热、止痹痛、退虚热等功效，主要用于风湿痹痛、骨节酸痛、湿热黄疸等症。

3. 研究现状

组织培养技术、人工栽培技术均已成熟。

通过对龙胆苦苷、马钱苷酸、獐牙菜苦苷和獐牙菜苷 4 种有效成分含量的测定，对不同产地秦艽有效成分含量和气候因子进行分析，发现秦艽的质量与气候条件密切相关，温度、气压和降水量是影响秦艽品质重要的气候因子，在一定范围内，温度越高、气压越高、降水量越大，越有利于秦艽化学成分的积累，促进活性成分含量富集。

4. 2012—2016 年与 1978 年植物分布区域比较

1978 年调查发现，秦艽在武安、沙河、内丘、临城、赞皇、元氏、井陉、鹿泉、平山、灵寿、行唐、阜平、顺平、易县、涞水、蔚县、阳原、怀来、崇礼、昌黎、遵化、迁西、兴隆、青龙、平泉、围场等 26 个县区有分布。2012—2016 年调查发现，秦艽主要分布在怀来、阳原、滦平、平泉、丰宁、隆化、围场等 7 个县，与 1978 年相比，分布区域明显减小。在分布区内，秦艽多在山地草丛中分散存在。

1978年调查中秦艽分布区域　　　　2012—2016年调查中秦艽分布区域

5. 受威胁状况

已列入《河北省重点保护野生植物名录》。

此次调查中，成熟植株数量为 250 ～ 1 000 株，分布点＞5。

建议受威胁状态评价为：易危。

建议避免对野生植株的过度采挖，同时推广人工种植。

三十四、马鞭草科

蒙古莸 *Caryopteris mongholica* Bunge

1. 形态特征

落叶小灌木，常自基部即分枝，高 0.3～1.5m；嫩枝紫褐色，圆柱形，有毛，老枝毛渐脱落。叶片厚纸质，线状披针形或线状长圆形，全缘，很少有稀齿，长 0.8～4cm，宽 2～7mm，表面深绿色，稍被细毛，背面密生灰白色绒毛；叶柄长约 3mm。聚伞花序腋生，无苞片和小苞片；花萼钟状，长约 3mm，外面密生灰白色绒毛，深 5 裂，裂片阔线形至线状披针形，长约 1.5mm；花冠蓝紫色，长约 1cm，外面被短毛，5 裂，下

唇中裂片较长大，边缘流苏状，花冠管长约 5mm，管内喉部有细长柔毛；雄蕊 4 枚，几等长，与花柱均伸出花冠管外；子房长圆形，无毛，柱头 2 裂。蒴果椭圆状球形，无毛，果瓣具翅。花果期 8—10 月。

蒙古莸与本属其他部分植物都有花冠下唇的中裂片边缘呈流苏状的特征，但蒙古莸叶片全缘、花序无苞片和小苞片，可与其他植物相区别。

2. 资源价值

全草味甘性温，消食理气、祛风湿、活血止痛。煮水当茶喝可治腹胀、消化不良。花和叶可提芳香油。

是一种碳氮型牧草，其粗蛋白、粗脂肪远高于谷草及玉米秸，为优良"木本饲料植物"。

花序较长，蓝紫色，观赏价值较高，且栽培生长旺盛，抗逆性强，可作为干旱、半干旱地区城市、街道主要绿化树种。

3. 研究现状

已对小孢子发生、雄配子体发育、组培快繁技术、开花物候对生殖的影响等问题进行了系统研究。

4. 2012—2016 年与 1978 年植物分布区域比较

1978 年及 2012—2016 年调查发现，蒙古荗仅在康保县有分布。在分布区内，蒙古荗多在山地、石缝中分散存在。

1978年调查中蒙古荗分布区域　　　　　　2012—2016年调查中蒙古荗分布区域

5. 受威胁状况

已列入《河北省重点保护野生植物名录》。

此次调查中，成熟植株数量少于 50 株，且仅发现 1 个分布点。

建议受威胁状态评价为：极危。

建议设立保护区，进行人工繁育，恢复野外种群数量，同时推广仿生种植。

三十五、唇形科

口外糙苏 *Phlomis jeholensis* Nakai et Kitagawa

1. 形态特征

多年生草本，高75cm，茎四棱，具浅槽，上部多分枝，有平展具节刚毛。叶卵形，长2～12cm，宽1.2～7.5cm，先端渐尖或急尖，基部浅心形至圆形，边缘有胼胝尖的粗牙齿状锯齿，叶片上面橄榄绿色，疏被具节或单节短刚毛，下面色较淡，有疏柔毛；叶柄长0.3～4cm，被平展有节刚毛，苞叶卵形至卵状披针形，苞叶近无柄。轮伞花序具6～16花，生于主茎及分枝上，苞片线状钻形，坚硬，长9～15mm，与萼近等长，密被平展具节刚毛。花萼管状，长约11mm，宽约6mm，外面沿脉上疏被平展具节刚毛，萼齿上有长约1.5mm的坚硬小刺尖；花冠白色，长约1.9cm，冠檐二唇形，外面被绒毛，边缘小齿状，内面被髯毛，下唇8圆裂，中裂片倒卵形，侧裂片卵形，较小；雄蕊内藏，较后面的一对花丝有矩状附属器；花柱先端极不等2裂。小坚果无毛。花期8—9月。

植株高大，唇形花冠白色，为口外糙苏与本属其他植物不同的特征。

2. 资源价值

种质资源。

3. 研究现状

仅个别调查报告中，涉及此物种。目前未见系统研究报道。

4. 2012—2016年与1978年植物分布区域比较

1978年调查发现，口外糙苏滦平县有分布。2012—2016年调查发现，口外糙苏主要分布在阳原、丰宁、承德等3个县，与1978年相比，分布区域有所变化和增加。在分布区内，口外糙苏多在山地草丛中成小群落存在。

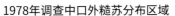

| 1978年调查中口外糙苏分布区域 | 2012—2016年调查中口外糙苏分布区域 |

5. 受威胁状况

已列入《河北省重点保护野生植物名录》。

此次调查中，成熟植株数量为 50 ～ 250 株，分布点≤ 5，较少。

建议受威胁状态评价为：濒危。

建议设立保护区，进行人工繁育，恢复野外种群数量，同时推广仿生种植。

丹参 *Salvia miltiorrhiza* Bunge

1. 形态特征

多年生草本。根肥厚，外面朱红色，内面白色，疏生支根。茎直立，高40～90cm，被长柔毛，多分枝。叶对生，奇数羽状复叶，小叶3～7枚，长1.5～8cm，宽1～4cm，卵形、椭圆状卵形或宽披针形，先端锐尖或渐尖，基部圆形或偏斜，边缘具圆齿，两面有柔毛，小叶柄长2～14mm；叶柄长2～7cm，密生长柔毛。轮伞花序6至多花，组成顶生或腋生的总状花序；苞片披针形，长2.5～5mm；花萼钟形，带紫色，长约1cm，具11脉，二唇形，上唇阔三角形，端尖，有3主脉，下唇长于上唇，深裂成2齿，花冠大，蓝紫色，长2～2.7cm，外被黏毛，冠筒内面近基部有斜生不完全的柔毛毛环，冠檐二唇形，上唇长1.2～1.5cm，镰刀形，向上竖立，下唇短于上唇，3裂，中裂片最大；能育雄蕊2，伸至上唇片，上臂十分伸长，长14～17mm，下臂短而粗，药室不育，退化雄蕊线形，长约4mm，花柱远外伸，长达40mm，先端不等2裂；花盘前方稍膨大。小坚果黑色，椭圆形，长约3.2mm。花期5—7月。

唇形科很多植物为草本、茎四棱、奇数羽状复叶对生、唇形花冠、花冠紫色或蓝紫色等特征，但丹参花萼二唇形，有可育雄蕊2，另2个不育雄蕊退化成线形，可与其他植物相区别。

2. 资源价值

常用重要中药。根入药，具有活血祛瘀、通经止痛、清心除烦、凉血消痈的功效。

3. 研究现状

目前，丹参人工栽培已较为成熟，有一些较为稳定的栽培基地；生产中已选育出多个品种或品系，如四倍体丹参等；同时，分子育种技术、组培快繁技术为大量优质种苗的培育提供了支持。

现代研究发现，丹参具有生命力强、世代周期短、组织培养和转基因技术成熟、基因组小、染色体数目少等特点，被认为是中药研究的理想模式生物。目前丹参主要活性化合物的生物合成与遗传调控研究的模式作用取得了较好成果，丹参作为药用研究模式植物，对提高中草药的育种效率、实现定向优良品种选育等科研实践，具有极大帮助。丹参有效成分为丹参素、丹酚酸、迷迭香酸、原儿茶酸等，具有抗动脉粥样硬化、心肌保护、抗血栓、神经保护、抗病毒、抗癌等多种功效，已广泛用于治疗心脑血管疾病、骨质疏松、肝炎、肝硬化、慢性肾衰竭、神经衰弱失眠及月经不调等症。

4. 2012—2016 年与 1978 年植物分布区域比较

1978 年调查发现，丹参在邯郸、邢台、石家庄、保定、唐山、承德等 6 市所属县区均有分布。2012—2016 年调查发现，丹参主要在灵寿、涞水、滦平等 3 个县，与 1978 年相比，分布区域明显减小。在分布区内，丹参多在山地草丛中分散存在。

| 1978年调查中丹参分布区域 | 2012—2016年调查中丹参分布区域 |

5. 受威胁状况

已列入《河北省重点保护野生植物名录》。

此次调查中，成熟植株数量为 50～250 株，分布点≤5，较少。

建议受威胁状态评价为：濒危。

建议设立保护区，进行人工繁育，恢复野外种群数量。

黄芩 *Scutellaria baicalensis* Georgi

1. 形态特征

多年生草本。根粗壮，径达2cm或更粗，茎基部伏地，后逐渐上升，高约30cm上下，绿色或带紫色，自基部多分枝。叶披针形至线状披针形，长1.5～4.5cm，宽0.5～1.2cm，顶端钝，基部圆形，全缘，叶上面暗绿色，下面较淡，沿叶脉疏被柔毛和下陷的腺点，侧脉4对，叶柄短，长约2mm。花序在茎和枝顶生，总状，长7～15cm，或再集成圆锥花序；苞片卵圆状披针形至披针形，长4～11mm，形似叶而较小。萼长4mm，盾片高1.5mm，被微柔毛，果时萼片增大，盾片可高达4mm；花冠呈紫色、紫红至蓝色，长2～2.3cm，被具腺的短柔毛，冠筒近基部膝曲，冠檐二唇形，上唇盔状，先端微缺，下唇中裂片三角状卵圆形，宽7.5mm，两侧裂片向上唇靠合；雄蕊4，前对稍长，后对较短，花丝扁平；花柱细长，花盘环状，前方稍增大，后方延伸成子房柄，子房褐色。小坚果卵球形，径约1mm，黑褐色，有瘤。花期7—8月，果期8—9月。

茎生叶无柄，叶全缘，顶生花序，花紫色，花萼二唇形，能育雄蕊4，以上为黄芩识别特征。本属其他植物，有些叶非全缘，有些花腋生，可以与黄芩区分。

2. 资源价值

茎秆可提制芳香油；根为清凉性解热消炎药；根茎在河北山区有泡茶饮用习惯，称为黄芩茶。

3. 研究现状

人工栽培技术成熟。

经病理研究表明，黄芩有抗病毒、抗炎、抗变态反应作用，可抑制乙型肝炎病毒DNA复制，对被动皮肤过敏反应有抑制作用；对中枢神经系统、心血管均有作用，可加强皮层抑制，可使血压下降，对抑制血小板聚集也有作用；黄芩的临床抗菌性比黄连好，而且不产生抗药性。

4. 2012—2016 年与 1978 年植物分布区域比较

1978 年调查发现，黄芩在邯郸、邢台、石家庄、保定、廊坊、唐山、张家口、承德等 8 市的所属县区均有分布。2012—2016 年调查发现，黄芩主要分布在涞源、涞水、万全、尚义、崇礼、康保、北戴河、迁安、青龙、宽城、隆化、围场等 12 个县，与 1978 年相比，分布区域明显减小。在分布区内，黄芩多在山地草丛中成丛存在。

1978 年调查中黄芩分布区域

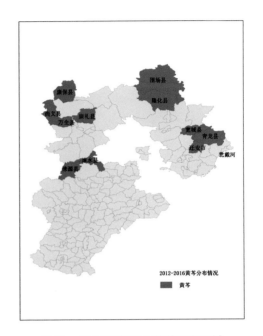

2012—2016 年调查中黄芩分布区域

5. 受威胁状况

已列入《河北省重点保护野生植物名录》。

此次调查中，成熟植株数量为 250～1 000 株，分布区＞5。

建议受威胁状态评价为：易危。

建议避免对野生植株的过度采挖，同时推广人工种植。

三十六、玄参科

扇苞穗花马先蒿 *Pedicularis spicata* var. *bracteata* P. C.Tsoong

1. 形态特征

一年生草本，老时茎下部多少木质化。有时单一，有时丛生。茎略作四棱状，节上毛尤密。叶基部叶片椭圆状长圆形，长约20mm，两面被毛，羽状深裂；茎生叶多4枚轮生，3～6轮，叶片多变，长圆状披针形至线状狭披针形，其长与宽的比例为2:1～7:1，最长者达7cm，最宽可达13mm，上面疏布短白毛，背面脉上有较长的白毛，叶缘羽状浅裂至深裂，裂片9～20对；叶缘有具刺尖的

锯齿。穗状花序生于茎枝之端，长可达12cm；苞片下部者叶状，前方有齿而绿色，苞片在花后强烈增大而作扇形，长达10mm，宽达8mm；花冠红色，长12～18mm，管在萼口向前方以直角或相近的角度膝屈，下段长约3mm，上段约6～7mm，向喉稍稍扩大，盔指向前上方，下唇长于盔2～2.5倍，中裂较小，倒卵形，较斜卵形的侧裂小半倍；雄蕊花丝毛较少；柱头稍伸出。蒴果长6～7mm，狭卵形，下线稍弯，上线强烈向下弓曲，近端处突然斜下，斜截形，端有刺尖。花期7—9月，果8—10月。

草本，茎生叶多4枚轮生。3～6轮，叶一回羽状浅裂至深裂；花序苞片在花后强烈增大而作扇形；花冠基部无距，花萼5裂；花冠上唇呈盔状；能育雄蕊4，以上为扇苞穗花马先蒿识别特征，可与本属其他植物相区分。

2. 资源价值

本亚种仅见河北省的小五台山。

传统中药，有祛风、胜湿、利水功效，主治风湿关节疼痛、小便不利、尿路结石、妇女白带、疔疮等症。

3. 研究现状

已对穗花马先蒿种子发芽影响因子进行了初步研究，人工栽培技术日趋成熟。

现代研究发现，其有效成分有抗凝血、抗氧化、抗肿瘤、抑制DNA突变、延缓骨骼肌疲劳等作用。同时发现，其浸提液对枸杞蚜虫、小菜蛾有一定灭杀活性。

4. 2012—2016 年与 1978 年植物分布区域比较

1978 年调查发现，扇苞穗花马先蒿蔚县小五台地区有分布。2012—2016 年调查发现，扇苞穗花马先蒿主要分布在沽源县，与 1978 年相比，分布区域有所变化。在分布区内，扇苞穗花马先蒿多在山地草丛中分散存在。

1978年调查中扇苞穗花马先蒿分布区域

2012—2016年调查中扇苞穗花马先蒿分布区域

5. 受威胁状况

已列入《河北省重点保护野生植物名录》。

此次调查中，成熟植株数量少于 50 株，分布区 ≤ 5。

建议受威胁状态评价为：极危。

建议设立保护区，进行人工繁育，恢复野外种群数量，同时推广仿生种植。

藓生马先蒿 *Pedicularis muscicola* Maxim.

1. 形态特征

多年生草本，干时多少变黑，多毛。根茎粗，有分枝，端有宿存鳞片。茎丛生，在中间者直立，在外围者多弯曲上升或倾卧，长达25cm，常成密丛。叶有柄，柄长达1.5cm，有疏长毛；叶片椭圆形至披针形，长达5cm，羽状全裂，裂片常互生，每边4～9枚，有小柄，卵形至披针形，有锐重锯齿，齿有凸尖，面有疏短毛，沿中肋有密细毛，背面几光滑。花皆腋生，自基部即开始着生，梗长达15mm，一般较短，密被白长毛至几乎光滑；

（沐先运　拍摄）

萼圆筒形，长达11mm，前方不裂，主脉5条，上有长毛，齿5枚，略相等，基部三角形而连于萼管，向上渐细，均全缘，至近端处膨大成卵形，具有少数锯齿；花冠玫瑰色，管长4～7.5cm，外面有毛，盔直立部分很短，几在基部即向左方扭折使其顶部向下，前方渐细为卷曲或S形的长喙，喙因盔扭折之故而反向上方卷曲，长达10mm或更多，下唇极大，宽达2cm，长亦如之，侧裂极大，宽达1cm，稍指向外方，中裂较狭，为长圆形，长约8mm，宽6.5mm，钝头；花丝两对均无毛，花柱稍稍伸出于喙端。蒴果稍扁平，偏卵形，长1cm，宽7mm，为宿萼所包。花期5—7月；果期8月。

草本，叶互生，叶羽状深裂；花萼5裂，花红色；花冠上唇呈盔状，前端深裂，生长成喙；能育雄蕊4，以上为藓生马先蒿与本属其他植物相区别的特征。

2. 资源价值

民间中药材，异名土人参，具补元气、生津安神、强心之功用。为彝族治疗蛇伤主要原料。

3. 研究现状

已有引种成功的报道，目前已鉴别出玉叶金花苷、小米草苷、栀子酸等13种活性成分，对高原记忆损伤有改善作用。

4. 2012—2016年与1978年植物分布区域比较

1978年调查发现，藓生马先蒿在灵寿县、平山县有分布。2012—2016年调查发现，藓生马先蒿主要分布在阜平县，与1978年相比，分布区域有所变化。在分布区内，藓生马先蒿多在林下草丛中分散存在。

1978年调查中藓生马先蒿分布区域　　　2012—2016年调查中藓生马先蒿分布区域

5. 受威胁状况

已列入《河北省重点保护野生植物名录》。

此次调查中，成熟植株数量为 50 ～ 250 株，分布点 ≤ 5。

建议受威胁状态评价为：濒危。

建议设立保护区，进行人工繁育，恢复野外种群数量，同时推广仿生种植。

三十七、紫葳科

楸 (树) *Catalpa bungei* C. A. Mey.

1. 形态特征

乔木，高8～12m。叶三角状卵形或卵状长圆形，长6～15cm，宽达8cm，顶端长渐尖，基部截形，阔楔形或心形，有时基部具有1～2牙齿，叶面深绿色，叶背无毛；叶柄长2～8cm。顶生伞房状总状花序，有花2～12朵。花萼蕾时圆球形，2唇开裂，顶端有2尖齿。花冠淡红色，内面具有2黄色条纹及暗紫色斑点，长3～3.5cm。蒴果线形，长25～45cm，宽约6mm。种子狭长椭圆形，长约1cm，宽约2cm，两端生长毛。花期5—6月，果期6—10月。

高大乔木，小枝无毛，单叶互生，顶生伞房状总状花序，唇形花冠淡红色，蒴果线形，利用以上楸树识别特征，可将楸树与本属其他植物区分。

2. 资源价值

茎皮、叶、种子入药，可治尿路结石、尿路感染、热毒疮痈等。木种生长迅速，树干通直，木材坚硬，为良好的建筑用材。花序繁盛，美丽，可栽培作观赏树、行道树。花可炒食，叶可喂猪。

3. 研究现状

目前对楸树的人工繁育及栽培技术已进行了系统研究，包括枝条萌芽力、嫩枝扦插育苗、催芽条件、外植株再生，以及水肥耦合、光照等对生长的影响等。

对大小孢子发生、雌雄配子体发育、开花生物学、花粉的离体萌发、花器官特异蛋白、四倍体诱导、种质资源遗传多样性进行了系统研究。

4. 2012—2016 年与 1978 年植物分布区域比较

1978 年调查发现，楸树在涉县有分布。2012—2016 年调查发现，楸树主要分布在涉县、灵寿县，与 1978 年相比，分布区域有所增加。在分布区内，楸树多在山林中零星存在。

1978年调查中楸分布区域　　　　　　2012—2016年调查中楸分布区域

5. 受威胁状况

已列入《河北省重点保护野生植物名录》。

此次调查中，成熟植株数量少于 50 株，分布点≤5。

建议受威胁状态评价为：极危。

建议设立保护区，进行人工繁育，恢复野外种群数量，同时推广仿生种植。

三十八、苦苣苔科

珊瑚苣苔 *Corallodiscus cordatulus* (Craib.) Burtt.

1. 形态特征

多年生草本。叶多数，基生，密集，外部的叶具柄，内部的叶无柄；叶片菱形或菱状卵形，叶缘具小钝齿，上面散生长柔毛，下面常红紫色。花数朵排成聚伞花序；苞片不明显；花萼无毛，5裂近基部，裂片狭卵形；花冠紫堇色，外面无毛，上唇短，2浅裂，下唇3裂，雄蕊4，2长2短；雌蕊无毛。蒴果条形，无毛，成熟时2瓣裂，不呈螺旋状卷曲。花期7—8月，果期8—9月。

珊瑚苣苔与牛耳草相似，均为草本、叶基生，聚伞花序，花冠二唇形，花紫色。珊瑚苣苔叶下常红紫色，有可育雄蕊4，2长2短。牛耳草叶下密被白毛，具可育雄蕊2，另有退化成线状的不育雄蕊2～3。

2. 资源价值

全草入药，有健脾、止血、化瘀功效，可用于食物中毒、热性泻痢、小儿疳积、跌打损伤、刀伤等。

3. 研究现状

目前没有进行大规模人工栽培。珊瑚苣苔分布海拔较高，在低海拔地区引种时，因夏季较高的温度及空气湿度，容易引发烂根或叶片枯萎而死亡。有研究表明，通过调节温度、湿度、通风和光照等因素，模仿植物原生境环境，可在喀斯特地貌的石头上栽培成活。

目前，对珊瑚苣苔属的其他植物已进行了化学成分、分子水平的系列研究，但对珊瑚苣苔并未进行深入研究。

4. 2012—2016 年与 1978 年植物分布区域比较

1978 年调查发现，珊瑚苣苔在武安、沙河、内丘、临城、赞皇、元氏、井陉、鹿泉、平山、灵寿、行唐、阜平、顺平、易县、涞水、蔚县等 16 个县区有分布。2012—2016 年调查发现，珊瑚苣苔主要分布在满城县，与 1978 年相比，分布区域明显减小。在分布区内，珊瑚苣苔多在阴坡石缝、草丛中分散存在。

| 1978 年调查中珊瑚苣苔分布区域 | 2012—2016 年调查中珊瑚苣苔分布区域 |

5. 受威胁状况

已列入《河北省重点保护野生植物名录》。

此次调查中，成熟植株数量少于 50 株，分布点 ≤ 5。

建议受威胁状态评价为：极危。

建议设立保护区，进行人工繁育，恢复野外种群数量，同时推广仿生种植。

三十九、车前科

长柄车前 *Plantago hostifolia* Nakai et Kitag.

1. 形态特征

通常无主根，须根发达。叶卵形或椭圆形，叶全长约15～46cm，叶片约占全长的1/4～1/3，边缘全缘，或有不规则的疏浅齿；叶柄长，可达28 cm，常带紫红色。花葶数个，比叶长；穗状花序长19～22 cm，下部稀疏；花具短柄；苞片卵形，脊面有龙骨状凸起；花萼裂片4，等长；花冠裂片4，有龙骨状突起；花药幼嫩时黄白色。蒴果褐色。

2. 资源价值

作用同车前，为种质资源。

3. 研究现状

无系统研究报告，仅在比较车前属植物形态的研究中涉及本物种。

4. 2012—2016 年与 1978 年植物分布区域比较

1978 年调查发现，长柄车前在兴隆县有分布。2012—2016 年调查发现，长柄车前主要分布在围场县，与 1978 年相比，分布区域有所变化。在分布区内，长柄车前多在山地草丛中分散存在。

1978年调查中长柄车前分布区域　　　　2012—2016年调查中长柄车前分布区域

5. 受威胁状况

已列入《河北省重点保护野生植物名录》。

此次调查中，成熟植株数量少于 50 株，且发现 1 个分布点。

建议受威胁状态评价为：极危。

建议设立保护区，进行人工繁育，恢复野外种群数量，同时推广仿生种植。

四十、川续断科

华北蓝盆花 *Scabiosa tschiensis* Grun.

1. 形态特征

多年生草本，高30～60cm。根粗壮，木质，表面棕褐色。基部分枝。基生叶簇生，连叶柄长10～15cm；叶片卵状披针形或狭卵形至椭圆形，先端急尖或钝，边有锯齿或浅裂片，偶深裂，长2.5～7cm，宽1.5～2cm，基部楔形，两面疏生白色柔毛，下面较密，老时近光滑；叶柄长4～10cm，茎生叶对生，羽状浅裂至深裂，侧裂片披针形，宽3～4mm，有时具小裂片，顶裂片大，卵状披针形或宽披针形；叶柄短或向上渐无柄。头状花序具长梗，长15～30cm，密生白色卷曲伏柔毛；花序数个在茎顶成聚伞状，头状花序扁球形，直径2.5～4cm；总苞苞片10～14，披针形，长5～10mm，具3脉，外面及边缘密生短柔毛；花托苞片披针形，长3.5mm；小总苞果时四方柱形，具8肋，肋上被白色长柔毛，顶端具8窝孔，膜质冠直伸，白色戎带紫色；花萼5裂，刚毛状，长2～2.5cm，基部五角星状，棕褐色；边缘花花冠二唇形，蓝紫色，裂片5，不等大；中央花筒状；顶端5齿裂，雄蕊4，伸出花冠筒外；花柱细长，柱头头状。瘦果椭圆形，长约2mm。花果期6—9月。

2. 资源价值

为河北省重点保护植物。为常用蒙药材，有清热之功效，主要用于治疗头痛、发烧、肺热咳嗽、黄疸、肝热症、肝中毒、肝性消瘦等病症。同时，还是优良的花卉资源，具有重要观赏价值。

3. 研究现状

人工驯化栽培已开始进行，组织培养及植株再生等快繁技术已有一定研究成果。对其种子萌发条件、开花特性及传粉生态学的研究已有一定成果。

现代科技研究表明，华北蓝盆花含有烷醇、烷酸、谷甾醇、齐墩果酸、糖、皂苷、鞣质、生物碱、强心苷、多肽、蛋白质等成分，具有抗炎、解热、抗氧化、镇静、增强心血管及提高免疫功能等功效，对肾缺血再灌注损伤有良好的保护作用。

4. 2012—2016 年与 1978 年植物分布区域比较

1978 年调查发现，华北蓝盆花生长在燕山、太行山脉，在张家口市、承德市所辖各县及涞源、涞水等县区有分布。2012—2016 年调查发现，华北蓝盆花主要分布在涞源、涞水、阳原、怀来、怀安、万全、尚义、崇礼、康保、沽源、围场、平泉、兴隆、迁安等 14 个县，与 1978 年相比，分布区域略有缩小。在分布区内，华北蓝盆花多在山地草丛中分散存在。

 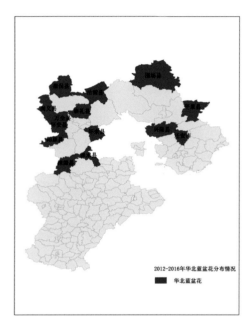

1978 年调查中华北蓝盆花分布区域　　　　2012—2016 年调查中华北蓝盆花分布区域

5. 受威胁状况

已列入《河北省重点保护野生植物名录》。

此次调查中，成熟植株数量＞1 000 株，分布点＞5。

建议受威胁状态评价为：近危。

建议避免对野生植株的过度采摘，同时推广人工种植。

四十一、桔梗科

党参 *Codonopsis pilosula* (Franch.) Nannf.

1. 形态特征

多年生草本，有气味，根长圆柱形，黄褐色。茎缠绕，长达2m，有乳汁。叶互生或近对生，卵形或狭卵形，长1～6cm，宽1～4cm，先端尖，基部圆形或稍心形，边缘有稀钝齿，波状，上面绿色，有毛，下面粉绿白色，有毛；有叶柄。花1～3朵生枝端；萼无毛，5裂，裂片长圆披针形，全缘；花冠淡黄绿色，有紫斑，宽钟形，径达2.5cm，5浅裂；雄蕊5，花丝下部宽，子房半下位，3室，中轴胎座，胚珠多数，花柱短，柱头3。蒴果圆锥形，萼宿存，3瓣裂；种子长圆形，棕褐色，有光泽。花果期7—10月。

党参与羊乳均为草质藤本，花冠均为淡黄绿色，有紫斑。在小枝顶端，党参为叶互生或近对生，羊乳近四叶轮生。

2. 资源价值

根入药，性近人参，有补中益气、养血生津、健脾益肺之功效，常用于治疗脾肺虚弱、气血不足、虚喘咳嗽、语声低弱等症。

3. 研究现状

覆膜栽培、林下栽培等人工种植技术已有报道。多倍体育种、组培技术在党参品种选育中已应用成熟。

现代研究表明，党参中含有苷类、糖类、挥发油、甾体类、生物碱、氨基酸、微量元素等多种活性成分，不同产地党参主要成分含量相差悬殊。党参的药理学研究主要集中在调节胃收缩和抗溃疡、调节血糖、促进造血机能、增强机体免疫力、延缓衰老、降压、抗缺氧、抗菌、抗炎、抗疲劳、抗应激等作用，应用于祛痰、平喘、降血脂、改善营养性贫血等方面。

4. 2012—2016 年与 1978 年植物分布区域比较

　　1978 年调查发现，党参在武安、沙河、内丘、临城、赞皇、元氏、井陉、平山、涞源、易县、涞水、蔚县、赤城、兴隆等 14 个县区有分布。2012—2016 年调查发现，党参主要分布在阜平、滦平、承德、平泉等 4 个县，与 1978 年相比，分布区域有所变化并明显减小。在分布区内，党参多在山地草丛中成小群落存在。

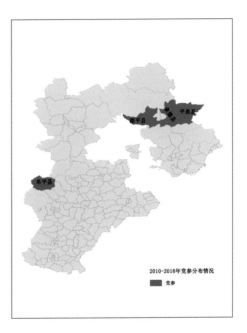

1978年调查中党参分布区域　　　　　　2012—2016年调查中党参分布区域

5. 受威胁状况

　　已列入《河北省重点保护野生植物名录》。

　　此次调查中，成熟植株数量为 250～1 000 株，分布点＞5。

　　建议受威胁状态评价为：易危。

　　建议避免对野生植株的过度采挖，同时推广人工种植。

羊乳 *Codonopsis lanceolata* (Sieb. et Zucc.) Trautv.

1. 形态特征

植株全体光滑无毛或茎叶偶疏生柔毛。茎基略近于圆锥状或圆柱状，表面有多数瘤状茎痕，根常肥大呈纺锤状而有少数细小侧根，长约 10～20cm，直径 1～6cm，表面灰黄色，近上部有稀疏环纹，而下部则疏生横长皮孔。茎缠绕，长约 1m，直径 3～4mm。在主茎上单叶互生，披针形或菱状狭卵形，细小，长 0.8～1.4cm，宽 3～7mm；在小枝顶端通常 2～4 叶簇生，而近于对生或轮生状，叶柄短小，长 1～5mm，叶片菱状卵形、狭卵形或椭圆形，长 3～10cm，宽 1.3～4.5cm，顶端尖

或钝，基部渐狭，通常全缘或有疏波状锯齿。花单生或对生于小枝顶端；花梗长 1～9cm；花萼贴生至子房中部，筒部半球状，裂片湾缺尖狭，或开花后渐变宽钝，裂片卵状三角形，长 1.3～3cm，宽 0.5～1cm，端尖，全缘；花冠阔钟状，长 2～4cm，直径 2～3.5cm，浅裂，裂片三角状，反卷，长约 0.5～1cm，黄绿色或乳白色内有紫色斑；花盘肉质，深绿色；花丝钻状，基部微扩大，长约 4～6mm，花药 3～5mm；子房下位。蒴果下部半球状，上部有喙，直径约 2～2.5cm。种子多数，卵形，有翼，细小，棕色。花果期 7—8 月。

党参与羊乳均为草质藤本，花冠均为淡黄绿色，有紫斑。但在小枝顶端，羊乳近四叶轮生，党参为叶互生或近对生。

2. 资源价值

为传统中药，全株均可入药，有益气养阴、润肺止咳、排脓解毒、催乳功效，主治病后体虚、咳嗽、肺痈、疮疡肿毒、乳痈、瘰疬、产后乳少等证。民间常用于病后体弱、气阴两虚者。

3. 研究现状

对羊乳的人工种植进行了系列研究，杨树林仿生环境中种植羊乳已取得较好研究结果。

4. 2012—2016 年与 1978 年植物分布区域比较

1978 年调查发现，羊乳在井陉、平山、易县、蔚县、兴隆等 5 个县区有分布。2012—2016 年调查发现，羊乳主要分布在滦平县，与 1978 年相比，分布区域有所变化并明显减小。在分布区内，羊乳多在山地草丛中分散存在。

1978年调查中羊乳分布区域

2012—2016年调查中羊乳分布区域

5. 受威胁状况

已列入《河北省重点保护野生植物名录》。

此次调查中，成熟植株数量少于 50 株，分布点 ≤ 5。

建议受威胁状态评价为：极危。

建议设立保护区，进行人工繁育，恢复野外种群数量，同时推广仿生种植。

四十二、菊科

（北）苍术 *Atractylodes lancea* (Thunb.) DC.

1. 形态特征

多年生草本，高 30～50cm。根状茎肥大呈长块状，外面黑褐色，内面白色。叶互生，革质，无毛；下部叶与中部叶倒卵形、长卵形或椭圆形，长 3～7cm，宽 1.5～4cm，不分裂或大头羽状 3～5(7～9) 浅裂或深裂，先端钝圆或稍尖，基部楔形至圆形，侧裂片卵形、倒卵形或椭圆形，边缘有具硬刺的牙齿，中部叶无柄，基部略抱茎；上部叶变小，披针形，不分裂或羽状分裂，叶缘具硬刺状齿。头状花序单生，直径约 1cm，长约 1.5cm，外围 1 列叶状苞片，苞片羽状深裂，裂片刺状，总苞杯状，总苞片 6～8 层，先端尖，被微毛，外层长卵形，内层长圆状披针形，全为白色管状花，长约 1cm。瘦果圆柱形，长约 5mm，被白色长柔毛，冠毛淡褐色，长 6～7mm。花果期 7—10 月。

草本，根状茎长块状，叶革质，无叶柄，花白色，为苍术识别特征。

2. 资源价值

苍术为传统中药，根状茎入药，具有燥湿、健脾、祛风、散寒、止痛及明目等功效，用于治疗风寒感冒、夜盲、眼目昏涩等症。

3. 研究现状

目前，已有一些地区，如隆化、青龙、围场等县区已开始进行苍术的人工栽培。

现代研究表明，现代药理研究表明，苍术具有抗溃疡、抗心律失常、降血压、利尿、保肝、抗炎、抗菌、抗肿瘤等作用。同时，苍术有很好环境消毒作用，因其抗菌、抗病毒，具有芳香性且对人体无毒副作用，有证据表明，在有人的室内进行熏蒸消毒或挥发油喷雾，可使水痘、腮腺炎、猩红热的发病率明显下降，灭菌效果优于紫外线照射，而且效果较为持久。

4. 2012—2016 年与 1978 年植物分布区域比较

目前苍术多为野生，乱采滥挖严重；加之干旱、洪水等自然灾害的破坏，苍术赖以生存的环境严重恶化，导致野生资源也逐年减少。1978 年调查发现，苍术在涉县、赞皇、平山、阜平、蔚县、涿鹿、张家口、遵化、北戴河等 9 个县区有分布。2012—2016 年调查发现，苍术主要分布在涞源、涞水、尚义等 3 个县，与 1978 年相比，分布区域有所变化且明显减小。在分布区内，苍术多在山地草丛中分散存在。

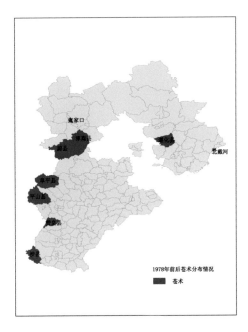 

1978年调查中苍术分布区域　　　　　2012—2016年调查中苍术分布区域

5. 受威胁状况

已列入《河北省重点保护野生植物名录》。

此次调查中，成熟植株数量为 50 ～ 250 株，分布点≤ 5。

建议受威胁状态评价为：濒危。

建议设立保护区，进行人工繁育，恢复野外种群数量，同时推广仿生种植。

蚂蚱腿子 *Myripnois dioica* Bunge

1. 形态特征

　　落叶小灌木，高 60～80cm。枝多而细直，呈帚状，具纵纹，被短柔毛。单叶互生，生于短枝上的叶为椭圆形或近长圆形，生于长枝上的阔披针形或卵状披针形，长 2～6cm，宽 1～2cm，顶端短尖至渐尖，基部圆或长楔尖，全缘；网脉密而显著，两面均凸起；叶柄长 3～5mm，被柔毛，短枝上的叶无明显的叶柄。头状花序近无梗，或于果期有长达 8mm 的短梗，单生于侧枝之顶，直径 7～10mm；总苞钟形或近圆筒形，直径 6～8mm；总苞片 5 枚，内层与外层的形状相似，大小几相等，长圆形或近长圆形，长 8～10mm，宽 2.5～3mm；花托小，不平。花分为雌花和两性花，二者异株，先叶开放。雌花花冠紫红色，长约 13mm，舌状，舌片长约 6mm，顶端 3 浅裂；花药长达 6mm，顶端尖，基部箭形；雌花花柱分离外卷，顶端略尖；果实成熟后，冠毛丰富，多层，浅白色，长约 10mm。两性花花冠白色，管状 2 唇形，长约 13mm，5 裂，裂片极不等长，长的达 8mm，短的长仅 1.5mm；花药长达 6mm，顶端尖，基部箭形；两性花的子房退化；果实成熟后，冠毛少数，2～4 条，雪白色，长 7～8mm。瘦果纺锤形，长约 7mm，密被毛。花期 5 月。

　　小灌木，单叶互生，花有雌花和两性花，花冠分别为紫红色或白色，二者异株存在。雌花冠毛丰富，浅白色，以上为蚂蚱腿子识别特征。

2. 资源价值

　　蚂蚱腿子为我国特有植物，是菊科植物中唯一的一种木本植物，耐阴、抗旱，常形成灌丛群落，对环境绿化、林木恢复有较好作用。

3. 研究现状

　　离体快繁技术已成熟。对数种灌木进行比较，蚂蚱腿子的耐阴性、抗旱性均较强，因而是良好的绿化植物。对其有效成分已进行了系统分析。

4. 2012—2016 年与 1978 年植物分布区域比较

　　1978 年调查发现，蚂蚱腿子在武安、沙河、内丘、临城、赞皇、元氏、井陉、鹿泉、平山、灵寿、行唐、阜平、顺平、易县、涞水、蔚县、阳原、怀来、崇礼、昌黎、遵化、迁西、兴隆、青龙、平泉、围场等 26 个县区有分布。2012—2016 年调查发现，蚂蚱腿子主要分布在涉县、平山、涞源、阳原等 4 个县，与 1978 年相比，分布区域明显减小。在分布区内，蚂蚱腿子多在山地阳坡中成小群落存在。

1978年调查中蚂蚱腿子分布区域　　　　　2012—2016年调查中蚂蚱腿子分布区域

5. 受威胁状况

已列入《河北省重点保护野生植物名录》。

此次调查中，成熟植株数量为 250 ~ 1000 株，分布点＞5。

建议受威胁状态评价为：易危。

建议避免对野生植株群落的破坏。

四十三、天南星科

半夏 *Pinellia ternate* (Thunb.) Breit.

1. 形态特征

矮小草本，高 20～35cm；球茎近球状，直径达 2cm。叶二型，幼苗期叶 1 片，叶片卵圆形，基部深心形或戟形，叶柄较叶片稍长，近基部有一珠芽；成年植株具 1 至数叶，叶片三出全裂，裂片椭圆形至窄椭圆形，长 2.5～10cm，宽 1～3cm，两侧裂片常稍短，先端急尖或短渐尖，基部阔楔形，边缘微波状，侧脉 4～6 对，在近叶缘处结网；叶柄长 12～25cm，近基部呈鞘状，鞘上端常有 1 三角卵状珠芽。肉穗花序具长柄，超出叶高，长达 35cm，佛焰苞淡绿色，下部卷成细管，喉部稍窄缩，封闭，向上管部稍宽，然后展开成稍对折的片部，先端钝圆，两侧边稍内折，边缘有时带紫色；肉穗花序顶端有细长尾状附肢，穿过佛焰苞顶端弯曲伸出；雄花密生苞片喉部之上，雄蕊具顶端缝裂的花药，雄花序下有 1 短的无花空柱；雌花子房卵状，有花柱，柱头圆。浆果具 1 基生种子。花期 5—7 月。

2. 资源价值

球茎有毒，入药，为我国传统中药，具有镇咳、祛痰、止吐、镇静等作用。

3. 研究现状

半夏目前已实现大面积人工种植。不同地区半夏总生物碱含量相差 2 倍左右，且有些栽培半夏的生物碱含量高于野生半夏。半夏的组织培养、快繁体系已有成功研究成果，可获得优质种苗。

现代研究表明，半夏含有生物碱、半夏淀粉、甾醇类、挥发油等多种成分，而生物碱被认为是半夏主要有效成分之一。目前研究表明，半夏对多种疾病有防治作用，如抗心律失常、抗炎、催眠，对帕金森病有一定的防治作用，还有抗乳腺癌、胃癌细胞增生等作用。

4. 2012—2016 年与 1978 年植物分布区域比较

1978 年调查发现，半夏在河北省境内普遍分布。2012—2016 年调查发现，半夏主要分布在涉县、平山、满城、滦平、青龙等 5 个县，与 1978 年相比，分布区域明显减小。在分布区内，半夏多在山地阴坡、林下零星存在。

1978年调查中半夏分布区域　　　　　　2012—2016年调查中半夏分布区域

5. 受威胁状况

已列入《河北省重点保护野生植物名录》。

此次调查中，成熟植株数量为 250～1 000 株，分布点≤5，较少。

建议受威胁状态评价为：易危。

建议避免对野生植株的过度采挖，同时推广人工种植。

四十四、百合科

知母 *Anemarrhena asphodeloides Bunge*

1. 形态特征

根状茎粗 0.5～1.5cm。叶长 15～60cm，宽 1.5～11mm，向先端渐尖而成近丝状，基部渐宽而成鞘状，平行脉，没有明显的中脉。花葶比叶长得多；总状花序通常较长，可达 20～50cm；苞片小，卵形或卵圆形，先端长渐尖；花粉红色、淡紫色至白色；花被片条形，长 5～10mm，宿存。蒴果狭椭圆形，长 8～13mm，宽 5～6 mm，顶端有短喙。种子长 7～10mm。花果期 6—9 月。

知母与百合科多种植物在叶形上相似，但知母具粗壮根状茎、叶较长、叶质地较硬、子房上位、果实成熟前不开裂等识别特征，可与其他植物区分。

2. 资源价值

本种干燥根状茎为著名中药，性苦寒，有滋阴降火、润燥滑肠、利大小便之效。主要产区在河北省。

3. 研究现状

人工种植技术成熟，已建立标准化栽培管理体系。对知母的组织培养、航天诱变育种进行了初步研究。其活性成分为皂苷类、黄酮类、木质素类等，现代药理学研究表明，知母对机体的循环系统、中枢神经系统、免疫系统、运动系统均具有一定的药理作用。

4. 2012—2016 年与 1978 年植物分布区域比较

受乱采乱挖影响，野生知母数量下降明显。1978 年调查发现，知母在河北省普遍分布。2012—2016 年调查发现，知母主要分布在磁县、唐县、满城、涞水、万全、尚义等 6 个县，与 1978 年相比，分布区域明显减小。在分布区内，知母多在山地阳坡中零星存在，数量较少。

1978年调查中知母分布区域   2012—2016年调查中知母分布区域

5. 受威胁状况

已列入《河北省重点保护野生植物名录》。

此次调查中，成熟植株数量为 250～1 000 株，分布点＞5。

建议受威胁状态评价为：易危。

建议设立保护区，进行人工繁育，恢复野外种群数量，同时推广仿生种植。

百合 *Lilium rownie var. viridulum* Baker

1. 形态特征

鳞茎球形，直径2～4.5cm；鳞片披针形，长1.8～4cm，宽0.8～1.4cm，无节，白色。茎高0.7～2m，有的有紫色条纹，有的下部有小乳头状突起。叶散生，通常自下向上渐小，披针形、窄披针形至条形，长7～15cm，宽0.6～2cm，先端渐尖，基部渐狭，具5～7脉，全缘，两面无毛。花单生或几朵排成近伞形；花梗长3～10cm，稍弯；苞片披针形，长3～9cm，宽0.6～1.8cm；花喇叭形，有香气，乳白色，外面稍带紫色，无斑点，向外张开或先端外弯而不卷，长13～18cm；外轮花被片宽2～4.3cm，先端尖；内轮花被片宽3.4～5cm，蜜腺两边具小乳头状突起；雄蕊向上弯，花丝长10～13cm，中部以下密被柔毛，少有具稀疏的毛或无毛；花药长椭圆形，长1.1～1.6cm；子房圆柱形，长3.2～3.6cm，宽4mm，花柱长8.5～11cm，柱头3裂。蒴果矩圆形，长4.5～6cm，宽约3.5cm，有棱，具多数种子。花期5—6月，果期9—10月。

百合与本属多种植物的营养体相似，但百合花大、喇叭形、白色，是本种特有识别特征。

2. 资源价值

鲜花含芳香油，可作香料；鳞茎含丰富淀粉，是一种名贵食品，亦作药用，有润肺止咳、清热、安神和利尿等功效。

3. 研究现状

已成功进行组织培养，可利用种子、鳞片、珠芽等繁殖，种植、栽培、田间管理等技术成熟。含有皂苷类、多糖、生物碱、磷脂、蛋白质等成分，有止咳祛痰、镇静催眠、免疫调节、抗肿瘤、抗氧化、抗炎、抗应激损伤、抗抑郁、降血糖及抑菌等作用。

4. 2012—2016 年与 1978 年植物分布区域比较

1978 年调查发现，百合在武安、沙河、邢台、内丘、临城、赞皇、元氏、井陉、平山、灵寿、易县、涞源、涞水、蔚县等 14 个县区有分布。2012—2016 年调查发现，百合主要分布在滦平县，与 1978 年相比，分布区域明显减小。在分布区内，百合多在山地阳坡中偶尔存在。

1978年调查中百合分布区域

2012—2016年调查中百合分布区域

5. 受威胁状况

已列入《河北省重点保护野生植物名录》。

此次调查中，成熟植株数量少于 50 株，分布点 ≤ 5。

建议受威胁状态评价为：极危。

建议设立保护区，进行人工繁育，恢复野外种群数量，同时推广仿生种植。

卷丹 *Lilium lancifolium* **Thunb.**

1. 形态特征

鳞茎近宽球形，高约 3.5cm，直径 4～8cm；鳞片宽卵形，长 2.5～3cm，宽 1.4～2.5cm，白色。茎高 80～150cm，带紫色条纹，具白色绵毛。叶散生，矩圆状披针形或披针形，长 6.5～9cm，宽 1～1.8cm，两面近无毛，先端有白毛，边缘有乳头状突起，有 5～7 条脉，上部叶腋有黑色珠芽。花 3～6 朵或更多；苞片叶状，卵状披针形，长 1.5～2cm，宽 2～5mm，先端钝，有白绵毛；花梗长 6.5～9cm，紫色，有白色绵毛；花下垂，花被片披针形，反卷，橙红色，有紫黑色斑点；外轮花被片长 6～10cm，宽 1～2cm；内轮花被片稍宽，蜜腺两边有乳头状突起，尚有流苏状突起；雄蕊四面张开；花丝长 5～7cm，淡红色，无毛，花药矩圆形，长约 2cm；子房圆柱形，长 1.5～2cm，宽 2～3mm；花柱长 4.5～6.5cm，柱头稍膨大，3 裂。蒴果狭长卵形，长 3～4cm。花期 7—8 月，果期 9—10 月。

卷丹与本属多种植物的叶形相似，但卷丹叶腋有黑色珠芽、花大、喇叭形、橙红色，花瓣反卷，其上具黑色斑点是本种特有识别特征。

2. 资源价值

鳞茎为药食同源植物，具有滋补、镇咳、祛痰等功效，还可食用。花大美丽，为观赏植物。含芳香油，可作香料。

3. 研究现状

已进行组织培养、染色体加倍育种研究。研究发现，百合有效成分为磷脂类、皂苷类和多糖类等，提取物具有体外抑制肺癌细胞增殖的作用。

4. 2012—2016 年与 1978 年植物分布区域比较

1978 年调查发现，卷丹在灵寿县有分布。2012—2016 年调查发现，各县常见栽培卷丹，但本次仅记录了野生卷丹，其主要分布在阜平、涞源、涞水等 3 个县，与 1978 年相比，分布区域有所变化且明显增加。在分布区内，卷丹多在山地阳坡中存在。

1978年调查中卷丹分布区域   2012—2016年调查中卷丹分布区域

5. 受威胁状况

已列入《河北省重点保护野生植物名录》。

此次调查中，成熟植株数量少于 50 株，分布区≤5。

建议受威胁状态评价为：极危。

建议设立保护区，进行人工繁育，恢复野外种群数量，同时推广仿生种植。

北重楼 *Paris verticillata* M. Bieb

1. 形态特征

植株高25～60cm，根状茎细长，径约3～5mm。叶在茎顶6～8片轮生，倒披针形至狭长椭圆形，长7～12cm，宽1～4cm，先端渐尖，基部楔形，近无柄。花梗长5～15cm；外轮花被绿色，极少带紫色，叶状，常为4～5枚，广披针形至狭卵形，长3～4cm，宽1～1.5cm，锐尖头，内轮花被片黄绿色，条形，长1～2cm；雄蕊8～10，较内轮花被片稍长，花丝丝状，长5～7mm，药线形，长5～8mm，药隔突出，长5～7mm，丝状，子房近球形，紫褐色，花柱4～5分枝，并向外反卷。蒴果浆果状，不开裂，径约1cm，具几颗种子。花期5—6月，果期7—9月。

2. 资源价值

传统中药，根茎入药，有小毒，具清热解毒、散瘀消肿功效，可用于高热抽搐、咽喉肿痛、痈疖肿毒等。因其特殊的植物形态，在园林景观中可作地被植物，亦可盆栽观赏植物。

3. 研究现状

种子萌发需2年，因而野生植物资源再生较慢。近年来人工栽培面积逐渐扩大，但仍需对引种驯化、人工栽培和组织培养等方面进行深入研究，使得其数量迅速增加，建立原料基地，为北重楼的开发利用供应稳定的原材料。

现代研究发现，北重楼的主要化学成分薯蓣皂苷和偏诺皂苷与重楼相似，但所含植物甾醇、β－谷甾醇、豆甾醇、蜕皮激素等，与重楼不同，这为与传统中药中，将北重楼、重楼作为2种药物提供了现代依据。

4. 2012—2016年与1978年植物分布区域比较

近年来，掠夺式的采挖致使野生北重楼日益减少。1978年调查发现，北重楼在邯郸、邢台、石家庄、保定、张家口、承德等6市所属县区内均有分布。2012—2016年调查发现，北重楼主要分布在阳原县、滦平县，与1978年相比，分布区域明显减小。在分布区内，北重楼多在山区林下成小群落存在。

1978年调查中北重楼分布区域　　　　　　2012—2016年调查中北重楼分布区域

5. 受威胁状况

已被列入《中国国家重点保护野生植物名录（第二批）讨论稿》及《河北省重点保护野生植物名录》。

此次调查中，成熟植株数量为 50 ~ 250 株，分布点 ≤ 5，较少。

建议受威胁状态评价为：濒危。

建议设立保护区，进行人工繁育，恢复野外种群数量，同时推广仿生种植。

1. 形态特征

根状茎圆柱状，由于结节膨大，因此"节间"一头粗、一头细，在粗的一头有短分枝（中药志称这种根状茎类型所制成的药材为鸡头黄精），直径 1～2cm。茎高 50～90cm，或可达 1m 以上，有时呈攀援状。叶轮生，每轮 3～6 枚，条状披针形，长 8～15cm，宽（4～）6～16mm，先端拳卷或弯曲成钩。花序通常具 2～4 朵花，似呈伞形状，总花梗长 1～2cm，花梗长（2.5～）4～10mm，俯垂；苞片位于花梗基部，膜质，钻形或条状披针形，长 3～5mm，具 1 脉；花被乳白色至淡黄色，全长 9～12mm，花被筒中部稍缢缩，裂片长约 4mm；花丝长 0.5～1mm，花药长 2～3mm；子房长约 3mm，花柱长 5～7mm。浆果直径 7～10mm，黑色，具 4～7 颗种子。花期 5—6 月，果期 8—9 月。

黄精与百合属、贝母属部分叶轮生植物相似，但黄精具有根状茎"节间"呈一头粗一头细、叶先端弯曲拳卷、花腋生等识别特征。

2. 资源价值

为河北省重点保护植物。常用补益类中药，同时也是久负盛名的保健食品。

3. 研究现状

已进行黄精规模种植，建有黄精 GAP 试验示范基地，黄精的人工栽培主要是以竹林、杉木林等林下套种仿野生栽培模式。黄精的组培快繁体系已建立。

现代研究表明，黄精含多糖、甾体皂苷、挥发油、黄酮等有效物质，具有降血糖、降血脂、保护心血管、抗肿瘤、抑菌、抗炎、抗病毒、增强免疫力及延缓衰老等作用。目前，已开发出多种黄精功能食品、化妆品，在园林绿化中也发挥作用。

4. 2012—2016 年与 1978 年植物分布区域比较

近年来，掠夺式的采挖致使黄精日益减少。1978 年调查发现，黄精在涉县、武安、蔚县、阳原、怀来、崇礼、昌黎、兴隆、青龙、平泉、围场等 11 个县区有分布。2012—2016 年调查发现，黄精主要分布在涉县、平山、尚义、怀来、滦平、迁西等 6 个县，与 1978 年相比，分布区域有所变化且明显减小。在分布区内，黄精多在山地阳坡中零星存在。

1978年调查中黄精分布区域　　　　　　2012—2016年调查中黄精分布区域

5. 受威胁状况

已列入《河北省重点保护野生植物名录》。

此次调查中，成熟植株数量 50 ~ 250 株，分布区 > 5。

建议受威胁状态评价为：濒危。

建议设立保护区，进行人工繁育，恢复野外种群数量，同时推广仿生种植。

四十五、薯蓣科

穿龙薯蓣 *Dioscorea nipponica* Makino

1. 形态特征

缠绕草质藤本。根茎横走，常分枝，坚硬，直径1～2cm，外皮黄褐色，显著片状剥离，内部白色。茎左旋，近无毛。单叶互生，叶片宽卵形至卵形，长5～15cm，宽5～12cm，边缘作不等大的三角状浅裂、中裂或深裂，顶端叶片近于全缘，两面具短硬毛，下面毛较密，掌状叶脉8～15条，支脉网状，叶柄较长。花雌雄异株；雄花序穗状，生于叶腋，单生或自基部发出短的分枝；雄花长2～3mm，具短柄或几无柄，花被片6，雄蕊6，短于花被片，着生于花被片中央，无退化雌蕊；雌花序穗状，常单生于叶腋，下垂，具多数花，雌花管状，长4～7mm，花被片6，雌蕊柱头8裂，裂片再2裂，无退化雄蕊。蒴果宽倒卵形，长1～2cm，宽约1.5cm，具3宽翅，种子周围有不等宽的薄膜状翅，上方为长方形。花期7—8月，果期9月。

地下茎横走，叶掌状3～5裂，为穿龙薯蓣识别特征，可与本属其他植物相区别。

2. 资源价值

是我国大宗中药材之一，根状茎入药，具舒筋活血、止咳化痰、祛风止痛等功效。

3. 研究现状

野生资源渐少，人工栽培已开始进行尝试。

现代研究表明，薯蓣主要成分薯蓣皂苷元的结构与甾体激素类药物相近。薯蓣皂苷元的发现和利用，为从植物界获得资源丰富而经济的天然甾体原料开辟了新途径。药理研究中发现，薯蓣皂苷等主要成分，具有抗氧化、降血脂、抗炎、抗癌和免疫调节

等生物学活性，可用于慢性气管炎、消化不良、腰腿疼痛、风湿性关节炎、糖尿病、心血管等许多疾病的治疗；在动物试验中，对抗肝损伤、抗脂肪肝、抗肝纤维化有良好作用，同时对多种癌细胞生长具明显的抑制作用。

4. 2012—2016 年与 1978 年植物分布区域比较

近年来，掠夺式的采挖致使穿龙薯蓣日益减少。1978 年调查发现，穿龙薯蓣在武安、涉县、内丘、临城、赞皇、元氏、井陉、鹿泉、平山、灵寿、行唐、阜平、顺平、易县、涞水、蔚县、阳原、怀来、崇礼、昌黎、遵化、迁西、兴隆、青龙、平泉、围场等 26 个县区有分布。2012—2016 年调查发现，穿龙薯蓣主要分布在涉县、平山、灵寿、阜平、唐县、顺平、易县、涞水、阳原、怀来、尚义、丰宁、隆化、滦平、承德、兴隆、宽城、迁西、青龙、磁县等 20 个县，与 1978 年相比，分布区域有所变化和减小。在分布区内，穿龙薯蓣多在林下分散存在。

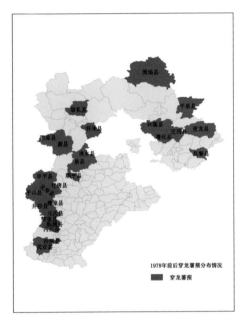

1978年调查中穿龙薯蓣分布区域　　　　2012—2016年调查中穿龙薯蓣分布区域

5. 受威胁状况

已被列入《中国国家重点保护野生植物名录（第二批）讨论稿》及《河北省重点保护野生植物名录》。

此次调查中，成熟植株数量为 250～1 000 株，分布点＞5。

建议受威胁状态评价为：易危。

建议避免对野生植株的过度采挖，同时推广人工种植。

四十六、鸢尾科

射干 *Belamcanda chinensis* (L.) Redouté

1. 形态特征

植株高 0.5～1.5m。根状茎匍生，鲜黄色，略呈不规则的结节状，须根多数，黄褐色。叶2列，互生，剑形，扁平，长 20～50cm，宽 1.5～4cm，先端渐尖，基部抱茎，具多数平行脉。花序二歧分枝，呈伞房状聚伞花序，每分枝顶端聚生数花，花梗及分枝基部均具膜质苞片；苞片卵形至披针形，长 5～15mm，花橘黄色，表面具紫红色斑点，直径 4～5cm，外轮花被片长倒卵形至长圆形，先端向外反卷，基部较狭，内轮花被片较小，雄蕊贴生于外轮花被片基部，花丝扁圆形，基部稍宽，长 1cm，花药线形，长达 8mm；子房3室，倒卵形，有3纵槽，花柱单一，上部稍扁，先端3裂。蒴果倒卵形至长椭圆形，长 1.5～3cm，室背开裂；种子黑色，有光泽，近球形。花期 7—8 月，果期 9—10 月。

未开花时，射干与鸢尾属部分植物很相似，但射干具有花橘黄色、花瓣表面具紫红色斑点等识别特点。

2. 资源价值

根茎可入药，能清热解毒、祛痰利咽、活血祛瘀。还可用于花境及草坪、坡地或条植于路边；也可作切花。

3. 研究现状

人工种植技术已成熟，可采有播种繁殖和分株繁殖。2014 年，河北省质量技术监督局发布《无公害射干田间生产技术规程》(DB13/T 2117.4—2014)，为河北省地方标准。

现代研究表明射干主要含有异黄酮类化合物，此外还含有酮类、醌类、酚类及其他一些微量成分，具有抗炎、抑制皮肤癣菌生长、抗病毒等作用。

4. 2012—2016 年与 1978 年植物分布区域比较

1978 年调查发现，射干在河北省各县区普遍分布。2012—2016 年调查发现，射干主要分布在磁县、涉县、崇礼、兴隆、迁西、昌黎、北戴河等 7 个县，与 1978 年相比，分布区域明显减小。在分布区内，射干多在山地阳坡、草丛中存在。

1978年调查中射干分布区域　　　　　2012—2016年调查中射干分布区域

5. 受威胁状况

已列入《河北省重点保护野生植物名录》。

此次调查中，成熟植株数量为 250～1 000 株，分布点＞5。

建议受威胁状态评价为：易危。

建议避免对野生植株的过度采挖，同时推广人工种植。

四十七、兰科

大花杓兰 *Cypripedium macranthum* Sw.

1. 形态特征

植株高 25～50cm，具粗短的根状茎。茎直立，稍被短柔毛或变无毛，基部具数枚鞘，鞘上方具 3～4 枚叶。叶片椭圆形或椭圆状卵形，长 10～15cm，宽 6～8cm，先端渐尖或近急尖，两面脉上略被短柔毛或变无毛，边缘有细缘毛。花序顶生，具 1 花，极罕 2 花；花序柄被短柔毛或变无毛；花苞片叶状，通常椭圆形，较少椭圆状披针形，长 7～9cm，宽 4～6cm，先端短渐尖，两面脉上通常被微柔毛；花梗和子房长 3～3.5cm，无毛；花大，紫色、红色或粉红色，通常有暗色脉纹，极罕白色；中萼片宽卵状椭圆形或卵状椭圆形，长 4～5cm，宽 2.5～3cm，先端渐尖，无毛；合萼片卵形，长 3～4cm，宽 1.5～2cm，先端 2 浅裂；花瓣披针形，长 4.5～6cm，宽 1.5～2.5cm，先端渐尖，不扭转，内表面基部具长柔毛；唇瓣深囊状，近球形或椭圆形，长 4.5～5.5cm；囊口较小，直径约 1.5cm，囊底有毛；退化雄蕊卵状长圆形，基部无柄，背面无龙骨状突起。蒴果狭椭圆形，长约 4cm，无毛。花期 6—7 月，果期 8—9 月。

2. 资源价值

具有治疗周身浮肿、小便不畅、风湿性腰腿疼痛、跌打损伤等作用。同时，花大而美丽，是北方野生兰花中最大、最醒目的一种，有独特的观赏价值。它还可作为杓兰杂交的优良原种。

3. 研究现状

进行人工培育，是保存、利用大花杓兰的重要方式。国内对大花杓兰的商业化已有初步研究，对其种子培育、种植移栽、生长条件等研究已有较大进展，人工培育方面整体已有相对成熟的体系。

4. 2012—2016 年与 1978 年植物分布区域比较

近年来，旅游开发及人为采挖等种种原因，导致大花杓兰数量急剧减少。1978 年调查发现，大花杓兰在平山、灵寿、涞源、涞水、蔚县、涿鹿、兴隆、遵化等 8 个县区有分布。2012—2016 年调查发现，大花杓兰主要分布在丰宁县，与 1978 年相比，分布区域有所变化且明显减小。在分布区内，大花杓兰林下阴坡中成丛存在。

1978年调查中大花杓兰分布区域   2012—2016年调查中大花杓兰分布区域

5. 受威胁状况

已被列入《中国国家重点保护野生植物名录（第二批）讨论稿》及《河北省重点保护野生植物名录》。

此次调查中，成熟植株数量少于 50 株，仅发现 1 个分布点。

建议受威胁状态评价为：极危。

建议设立保护区，进行人工繁育，恢复野外种群数量，同时推广仿生种植。

角盘兰 *Herminium monorchis* (L.) R. Br.

1. 形态特征

植株高 5.5～35cm。块茎球形，直径 6～10mm，肉质。茎直立，无毛，基部具 2 枚筒状鞘，下部具 2～3 枚叶，在叶之上具 1～2 枚苞片状小叶。叶片狭椭圆状披针形或狭椭圆形，直立伸展，长 2.8～10cm，宽 8～25mm，先端急尖，基部渐狭并略抱茎。总状花序具多数花，圆柱状，长达 15cm；花苞片线状披针形，长 2.5mm，宽约 1mm，先端长渐尖，尾状，直立伸展；子房圆柱状纺锤形，扭转，顶部明显钩曲；花小，黄绿色，垂头，萼片近等长；中萼片椭圆形或长圆状披针形，长 2.2mm，宽 1.2mm，先端钝；侧萼片长圆状披针形，宽约 1mm，较中萼片稍狭，先端稍尖；花瓣近菱形，上部肉质增厚，较萼片稍长，向先端渐狭，或在中部多少 3 裂，中裂片线形；唇瓣与花瓣等长，近中部 3 裂，中裂片线形，长 1.5mm，侧裂片三角形，较中裂片短很多；蕊柱粗短，长不及 1mm。花期 6—7 月。

角盘兰与沼兰有些相似，二者均有叶 1～2 枚、花小、花黄绿色，唇瓣无距等特征。但角盘兰有块茎、不具假鳞茎；沼兰有假鳞茎，可区分二者。

2. 资源价值

块茎入药，有强心补肾、生津止渴、补脾健胃、调经活血、安神增智功效，可治疗阳痿不举、神经衰弱、头晕失眠、烦躁口渴、食欲不振、须发早白、月经不调等慢性病。

3. 研究现状

角盘兰含有维生素 C、维生素 B_1、维生素 B_2、胡萝卜素及元素硒，丰富的维生素 C 及有机硒对软化血管、刺激造血功能、预防肿瘤、刺激免疫球蛋白及抗体的产生、增强机体对疾病的抵抗力有良好效果。

4. 2012—2016 年与 1978 年植物分布区域比较

1978 年调查发现，角盘兰在涞源、涞水、蔚县、遵化等 4 个县区有分布。2012—2016 年调查发现，角盘兰主要分布在阜平、蔚县、涞源等 3 县，与 1978 年相比，分布区域有所变化。在分布区内，角盘兰多在山地草丛中零星存在。

1978年调查中角盘兰分布区域　　　　　2012—2016年调查中角盘兰分布区域

5. 受威胁状况

已被列入《中国国家重点保护野生植物名录（第二批）》及《河北省重点保护野生植物名录》。

此次调查中，成熟植株数量少于50株，分布区≤5。

建议受威胁状态评价为：极危。

建议设立保护区，进行人工繁育，恢复野外种群数量，同时推广仿生种植。

手参 *Gymnadenia conopsea* (L.) R. Br.

1. 形态特征

植株高 20 ～ 60cm。块茎椭圆形，长 1 ～ 3.5cm，肉质，下部掌状分裂，裂片细长。茎直立，圆柱形，基部具 2 ～ 3 枚筒状鞘，其上具 4 ～ 5 枚叶，上部具 1 至数枚苞片状小叶。叶片线状披针形、狭长圆形或带形，长 5.5 ～ 15cm，宽 1 ～ 2cm，先端渐尖或稍钝，基部收狭成抱茎的鞘。总状花序具多数密生的花，圆柱形，长 5.5 ～ 15cm；花苞片披针形，直立伸展，先端长渐尖成尾状，长于或等长于花；花粉红色，罕为粉白色；中萼片宽椭圆形或宽卵状椭圆形，长 3.5 ～ 5mm，宽 3 ～ 4mm，先端急

尖，略呈兜状；侧萼片斜卵形，反折，边缘向外卷，较中萼片稍长或几等长；花瓣直立，斜卵状三角形，与中萼片等长，与侧萼片近等宽，边缘具细锯齿，先端急尖；唇瓣向前伸展，宽倒卵形，长 4 ～ 5mm，前部 3 裂，中裂片较侧裂片大，三角形，先端钝或急尖；距细而长，狭圆筒形，下垂，长约 1cm，稍向前弯，向末端略增粗或略渐狭，长于子房。花期 6—8 月。

手参植株高大，花序粗状，花粉红色，密集，花较大，唇瓣有距，易于识别。

2. 资源价值

传统中药认为，手参具有补益、强身、安神、增智、延年益寿等功效，民间常用于治疗肺虚咳喘、虚劳消瘦、神经衰弱及慢性肝炎等症，具有极高的药物价值。

3. 研究现状

因手参难以大量繁殖，目前在手参人工种植领域的研究报道较少。

目前研究表明，手参具有以下功能：有中度抑制乙型乙肝病毒表面抗原的作用，见效时间较快，且作用时间长，效果稳定；有抗过敏、抗氧化作用；有促进细胞增殖作用，有良好的镇静、催眠功效，为开发治疗病后体弱及失眠的药物提供理论依据。

4. 2012—2016 年与 1978 年植物分布区域比较

近年来游人及药农的过度采挖，造成了手参数量的急剧减少。1978 年调查发现，手参在临城、涞源、蔚县、兴隆、遵化等 5 个县区有分布。2012—2016 年调查发现，手参主要分布在丰宁县，与 1978 年相比，分布区域有所变化且明显减小。在分布区内，手参多在草地阳坡中分散存在。

1978年调查中手参分布区域　　　　　2012—2016年调查中手参分布区域

5. 受威胁状况

已被列入《中国国家重点保护野生植物名录（第二批）讨论稿》及《河北省重点保护野生植物名录》。

此次调查中，成熟植株数量少于 50 株，分布点≤5。

建议受威胁状态评价为：极危。

建议设立保护区，进行人工繁育，恢复野外种群数量，同时推广仿生种植。

天麻 *Gastrodia elata. Bl.*

1. 形态特征

植株高 30～100cm，有时可达 2m；根状茎肥厚，块茎状，椭圆形至近哑铃形，肉质，长 8～12cm，直径 3～5（～7）cm，有时更大，具较密的节，节上被许多三角状宽卵形的鞘。茎直立，橙黄色、黄色、灰棕色或蓝绿色，无绿叶，下部被数枚膜质鞘。总状花序长 5～30（～50）cm，通常具 30～50 朵花；花苞片长圆状披针形，长 1～1.5cm，膜质；花梗和子房长 7～12mm，略短于花苞片；花扭转，橙黄、淡黄、蓝绿或黄白色，近直立；萼片和花瓣合生成的花被筒长约 1cm，直径 5～7mm，近斜卵状圆筒形，顶端具 5 枚裂片，但前方亦即两枚侧萼片合生处的裂口深达 5mm，筒的基部向前方凸出；外轮裂片（萼片离生部分）卵状三角形，先端钝；内轮裂片（花瓣离生部分）近长圆形，较小；唇瓣长圆状卵圆形，长 6～7mm，宽 3～4mm，3 裂，基部贴生于蕊柱足末端与花被筒内壁上并有一对肉质胼胝体，上部离生，上面具乳突，边缘有不规则短流苏；蕊柱长 5～7mm，有短的蕊柱足。蒴果倒卵状椭圆形，长 1.4～1.8cm，宽 8～9mm。花果期 5—7 月。

天麻植株高大，黄褐色，具块茎，可与兰科其他非绿色植物相区别。

2. 资源价值

天麻是名贵中药，用以治疗头晕目眩、肢体麻木、小儿惊风等症。人工有性繁殖在我国已经成功。

3. 研究现状

人工栽培技术成熟。

现代研究发现，天麻种子需在紫萁小菇等小菇属真菌的帮助下才能完成萌发，而后必须与蜜环菌共生才可生长。目前研究主要集中优良菌株筛选、培养条件研究、培养基优化、胞内多糖研究等方面。天麻中活性成分主要为酚类、有机酸类、多糖类及甾体类等，药理研究表明，天麻具有抗老年痴呆、脑保护、镇痛、镇静催眠、抗癫痫、抗晕眩、降压、降血脂、抗氧化、保肝、抗肿瘤、增强免疫力等多种功效。

4. 2012—2016 年与 1978 年植物分布区域比较

1978 年调查发现，天麻在赞皇县有分布。2012—2016 年调查发现，天麻主要分布在兴隆县，与 1978 年相比，分布区域发生明显变化。在分布区内，天麻在林下偶尔存在。

1978年调查中天麻分布区域

2012—2016年调查中天麻分布区域

5. 受威胁状况

已被列入《中国国家重点保护野生植物名录（第二批）讨论稿》及《河北省重点保护野生植物名录》。

此次调查中，成熟植株数量少于 50 株，且仅发现 1 个分布点。

建议受威胁状态评价为：极危。

建议设立保护区，进行人工繁育，恢复野外种群数量，同时推广仿生种植。

羊耳蒜 *Liparis japonica* (Miq.) Maxim.

1. 形态特征

地生草本。假鳞茎卵形，长5～12mm，直径3～8mm，外被白色的薄膜质鞘。叶2枚，卵形、卵状长圆形或近椭圆形，膜质或草质，长5～10（～16）cm，宽2～4(～7) cm，先端急尖或钝，边缘皱波状或近全缘，基部收狭成鞘状柄，无关节；鞘状柄长3～8cm，初时抱花葶，果期则多少分离。花葶长12～50cm；花序柄圆柱形，两侧在花期可见狭翅，果期则翅不明显；总状花序具数朵至10余朵花；花苞片狭卵形，长2～3（～5）mm；花梗和子房

长8～10mm；花通常淡绿色，有时可变为粉红色或带紫红色；萼片线状披针形，长7～9mm，宽1.5～2mm，先端略钝，具3脉；侧萼片稍斜歪；花瓣丝状，长7～9mm，宽约0.5mm，具1脉；唇瓣近倒卵形，长6～8mm，宽4～5mm，先端具短尖，边缘稍有不明显的细齿或近全缘，基部逐渐变狭；蕊柱长2.5～3.5mm，上端略有翅，基部扩大。蒴果倒卵状长圆形，长8～13mm，宽4～6mm；果梗长5～9mm。花期6—8月，果期9—10月。

羊耳蒜与沼兰相似，二者都为绿色自养植物，地下长有假鳞茎、花小、花通常淡绿色，但羊耳蒜花略大，萼片较大，长可达5～8mm，花有时可变为粉红色或带紫红色。

2. 资源价值

作为植物药用历史悠久，民间常以全草入药，有清热解毒、消肿止痛、祛风除湿等功效，常用于治疗肿疬、肺热、毒蛇咬伤、跌打损伤等症。

3. 研究现状

对羊耳蒜的组织培养技术已有较为深入的研究成果，可通过组织培养技术，进行商业化规模种植。

现代科技对羊耳蒜的药理研究取得了以下成果：羊耳蒜提取物具备一定程度的抗炎作用、止血作用、抑菌作用，可作外伤应急处理药物的基本材料；具有清除自由基的抗氧化作用，可以为保健产品提供参考材料；对羊耳蒜的内生真菌进行分离鉴定，并进行抑菌活性筛选，获得具有优良抗菌活性的真菌。

4. 2012—2016 年与 1978 年植物分布区域比较

羊耳蒜因为过度采掘和生态破坏，且对生长环境要求特殊，数量越来越少。1978 年调查发现，羊耳蒜在内丘、赞皇、井陉、灵寿、兴隆等 5 个县区有分布。2012—2016 年调查发现，羊耳蒜主要分布在涉县、邢台、北戴河等 3 个县区，与 1978 年相比，分布区域有所变化。在分布区内，羊耳蒜多在山地阴坡或林下成小群落存在。

1978年前后羊耳蒜分布情况
■ 羊耳蒜

2012-2016年羊耳蒜分布情况
■ 羊耳蒜

1978年调查中羊耳蒜分布区域　　　　　2012—2016年调查中羊耳蒜分布区域

5. 受威胁状况

已被列入《中国国家重点保护野生植物名录（第二批）讨论稿》及《河北省重点保护野生植物名录》。

此次调查中，成熟植株数量 50～250 株，分布区≤5。

建议受威胁状态评价为：濒危。

建议设立保护区，进行人工繁育，恢复野外种群数量，同时推广仿生种植。

沼兰 *Malaxis monophyllos* (L.) Sw.

1. 形态特征

地生草本。假鳞茎卵形，较小，通常长6～8mm，直径4～5mm，外被白色的薄膜质鞘。叶通常1枚，较少2枚，斜立，卵形、长圆形或近椭圆形，长2.5～12cm，宽1～6.5cm，先端钝或近急尖，基部收狭成柄；叶柄多少鞘状，抱茎或上部离生。花葶直立，长9～40cm，除花序轴外近无翅；总状花序，具数十朵或更多的花；花苞片披针形，长2～2.5mm；花梗和子房长2.5～6mm；花小，较密集，淡黄绿色至淡绿色；中萼片披针形或狭卵状披针形，长2～4mm，宽0.8～1.2mm，先端长渐尖；侧萼片线状披针形，略狭于中萼片；花瓣近丝状或极狭的披针形，长1.5～3.5mm，宽约0.3mm；唇瓣长3～4mm，先端骤然收狭而成线状披针形的尾（中裂片）；唇盘近圆形、宽卵形或扁圆形，中央略凹陷，两侧边缘变为肥厚并具疣状突起，基部两侧有一对钝圆的短耳；蕊柱粗短，长约0.5mm。蒴果倒卵形或倒卵状椭圆形，长6～7mm。花果期7—8月。

有假鳞茎，花小，淡黄绿色至淡绿色，唇瓣无距，唇瓣两侧有耳状侧裂片，为沼兰与本科其他植物相区别的识别特征。

2. 资源价值

兰花育种资源之一。

3. 研究现状

目前对沼兰的保护性人工繁殖已有较为成熟的方案，控制温度及光照，在共生萌发的机制下已经得到较高的种子萌发率。

对于沼兰的经济利用，目前尚未有深入研究。

4. 2012—2016 年与 1978 年植物分布区域比较

1978 年调查发现，沼兰在内丘、阜平、蔚县、涿鹿、遵化等 5 个县区有分布。2012—2016 年调查发现，沼兰主要分布在阜平、阳原、丰宁、平泉等 4 个县，与 1978 年相比，分布区域略有变化。在分布区内，沼兰多在林下成小群落存在。

1978年调查中沼兰分布区域　　　　　　2012—2016年调查中沼兰分布区域

5. 受威胁状况

已被列入《中国国家重点保护野生植物名录（第二批）讨论稿》及《河北省重点保护野生植物名录》。

此次调查中，成熟植株数量少于 50 株，分布点≤ 5。

建议受威胁状态评价为：极危。

建议设立保护区，进行人工繁育，恢复野外种群数量，同时推广仿生种植。

北方鸟巢兰 *Neottia camtschatea* (L.) Rchb.f.

1. 形态特征

植株高 10～27cm。茎直立，上部疏被乳突状短柔毛，中部以下具 2～4 枚鞘，无绿叶；鞘膜质，长 1～3cm，下半部抱茎。总状花序顶生，长 5～15cm，具 12～25 朵花；花苞片近狭卵状长圆形，膜质，在花序基部的 1～2 枚长 5～8mm，向上渐短，背面被毛；花梗较纤细，长 3.5～5.5mm，略被毛；子房椭圆形；花淡绿色至绿白色；萼片舌状长圆形，长 5～6mm，宽约 1.5mm；侧萼片稍斜歪；花瓣线形，长 3.5～4.5mm，宽约 0.5mm；唇瓣楔形，长 1～1.2cm，上部宽 1.5～2mm，基部极狭，先端 2 深裂；裂片狭披针形或披针形，长 3.5～5mm，稍叉开，边缘具细缘毛；蕊柱长约 3mm，向前弯曲；花药俯倾，长约 0.7mm；柱头凹陷，近半圆形；蕊喙大，卵状长圆形或宽长圆形，近水平伸展或略向下倾斜。蒴果椭圆形，长 8～9mm，宽 5～6mm。花果期 7—8 月。

北方鸟巢兰与天麻均为腐生植物，茎叶非绿色，因而二者有相似之处。但北方鸟巢兰较矮，根交织成鸟巢状，无块茎，唇瓣先端 2 深裂，可与天麻区别。

2. 资源价值

种质资源。

3. 研究现状

仅部分植物资源调查报告中，涉及本物种。目前尚无其他研究报道。

4. 2012—2016 年与 1978 年植物分布区域比较

1978 年调查发现，北方鸟巢兰在遵化县、兴隆县有分布。2012—2016 年调查发现，北方鸟巢兰主要分布在蔚县，与 1978 年相比，分布区域有所变化且略有减小。在分布区内，北方鸟巢兰多在林下零星存在。

1978年调查中北方鸟巢兰分布区域   2012—2016年调查中北方鸟巢兰分布区域

5. 受威胁状况

已被列入《中国国家重点保护野生植物名录（第二批）讨论稿》及《河北省重点保护野生植物名录》。

此次调查中，成熟植株数量少于 50 株，分布点 ≤ 5。

建议受威胁状态评价为：极危。

建议设立保护区，进行人工繁育，恢复野外种群数量，同时推广仿生种植。

二叶兜被兰 *Neottianthe cucullata* (L.) Schltr.

1. 形态特征

块茎球形或卵形，直径约1cm，根数条。茎直立，高5～24cm。叶2片，不等大，基生近对生,卵形、狭卵形至披针形,长2.4～6cm,宽0.8～2.8cm，先端急尖或渐尖，基部圆形且略具鞘状柄，或为狭楔形且下延为鞘状叶柄；叶脉网状；叶上面有时具少数或多而密的紫红色斑点。茎中上部有2～3片苞状小叶，狭披针形，先端呈尾状。总状花序，花少数至多数，偏向一侧排列，疏松；苞片狭小，花淡红色或紫红色，萼片披针形，中部以下靠合成兜状，中萼片长5～6mm，先端尖或渐尖，侧萼片稍弯曲，与中萼片近相等；花瓣较萼片狭且短，先端钝或渐尖；唇瓣前伸，长6～9mm，近中部

3裂，中裂片线形至线状披针形，长3～6mm，宽0.5～1.5mm，侧裂片比中裂片狭，宽不及0.5mm，比中裂片稍短或近等长，距下垂，多少弯曲，长4～5mm，基部略宽，先端渐狭，顶端钝圆；蕊柱长1mm，花粉块柄极短，粘盘近圆形；退化雄蕊近圆形；子房扭转，无毛。花期8月。

块茎不裂，叶上面有时具少数或多而密的紫红色斑点，花在花序上偏于一侧，花紫红色或淡红色，唇瓣有距，有时呈囊状，为二叶兜被兰识别特征。

2. 资源价值

具一定药用价值，主治外伤性昏迷、跌打损伤、骨折。具有较高的园艺观赏价值。

3. 研究现状

目前，作为花卉，已具有较成熟的人工栽培技术。但其他应用研究多为空白。

4. 2012—2016年与1978年植物分布区域比较

1978年调查发现，二叶兜被兰在承德市所辖各县及武安县、蔚县、遵化县有分布。2012—2016年调查发现，二叶兜被兰主要分布在阳原县，与1978年相比，分布区域明显减小。在分布区内，二叶兜被兰多在林下零星存在。

1978年调查中二叶兜被兰分布区域

2012—2016年调查中二叶兜被兰分布区域

5. 受威胁状况

已被列入《中国国家重点保护野生植物名录（第二批）讨论稿》及《河北省重点保护野生植物名录》。

此次调查中，成熟植株数量少于 50 株，分布点 ≤ 5。

建议受威胁状态评价为：极危。

建议设立保护区，进行人工繁育，恢复野外种群数量，同时推广仿生种植。

二叶舌唇兰 *Platanthera chlorantha* Cust. ex Rchb.

1. 形态特征

植株高 30～50cm。块茎卵状纺锤形，肉质，长 3～4cm，基部粗约 1cm，上部收狭细圆柱形，细长。茎直立，无毛，近基部具 2 枚彼此紧靠、近对生的大叶，在大叶之上具 2～4 枚变小的披针形苞片状小叶。基部大叶片椭圆形或倒披针状椭圆形，长 10～20cm，宽 4～8cm，先端钝或急尖，基部收狭成抱茎的鞘状柄。总状花序具 12～32 朵花，长 13～23cm；花苞片披针形，先端渐尖。子房 1 个，圆柱状，上部钩曲；花绿白色或白色；中萼片直立，舟状，圆状心形，长 6～7mm，宽 5～6mm，先端钝；侧萼片张开，斜卵形，长 7.5～8mm，宽 4～4.5mm，先端急尖；花瓣直立，偏斜，狭披针形，长 5～6mm，不等侧，逐渐收狭成线形，与中萼片相靠合呈兜状；唇瓣向前伸，舌状，肉质，长 8～13mm，宽约 2mm，先端钝；距棒状圆筒形，长 25～36mm，为子房长的 1.5～2 倍；蕊柱粗，药室明显叉开；退化雄蕊显著；蕊喙宽，带状；柱头 1 个，凹陷，位于蕊喙之下穴内。花期 6—7 月。

绿色植物，较高大；块茎卵状纺锤形，不裂；花绿白色或白色，唇瓣有距，以上为二叶舌唇兰识别特征。

2. 资源价值

有观赏价值。为花卉育种资源。

3. 研究现状

仅部分植物资源调查报告中涉及本物种。目前无其他研究报道。

4. 2012—2016 年与 1978 年植物分布区域比较

1978 年调查发现，二叶舌唇兰在平山、蔚县、涿鹿、遵化、兴隆等 5 个县区有分布。2012—2016 年调查发现，二叶舌唇兰主要分布在平山县，与 1978 年相比，分布区域明显减小。在分布区内，二叶舌唇兰多在山地林下偶尔存在。

1978年调查中二叶舌唇兰分布区域　　　2012—2016年调查中二叶舌唇兰分布区域

5. 受威胁状况

已被列入《中国国家重点保护野生植物名录（第二批）讨论稿》及《河北省重点保护野生植物名录》。

此次调查中，成熟植株数量少于50株，分布点≤5。

建议受威胁状态评价为：极危。

建议设立保护区，进行人工繁育，恢复野外种群数量，同时推广仿生种植。

1. 形态特征

根肉质数条。茎直立，较细，高15～45cm。叶3～5片，生于茎下部，披针形或线状披针形，长4～14cm，宽3～10mm，无毛。总状花序，花多数，密生；花序轴螺旋状扭曲，有腺毛；苞片卵状披针形；花小，淡红色或粉红色，中萼片长圆状披针形，先端钝，侧萼片似中萼片但斜形而稍狭，花瓣长圆形，先端钝，较萼片稍狭，唇瓣  卵状长圆形，先端圆形，中部以上呈皱波状，中部以上全缘，内面中部以上有短柔毛，基部两侧各有1胼胝体；蕊柱长2～3mm，花药先端急尖，花粉块较大，粘盘长纺锤形，蕊喙裂片狭长，柱头马蹄形，子房卵形，扭转，有腺毛。蒴果有8棱。

花在花序轴螺旋状排列，花小，淡红色或粉红色，为绶草识别特征。

2. 资源价值

为名贵药用植物，根及全草入药，具滋阴益气、补肾壮阳、凉血解毒、润肺止咳、消炎解毒、强筋骨、祛风湿之功效，用于病后气血两虚、少气无力、神经衰弱、糖尿病、扁桃体炎、咽喉肿痛、肿瘤及系统性红斑狼疮等症，也可用于食补。绶草植株低矮，粉红色的小花朵奇特美丽，可作观赏地被植物，或作为小盆栽。

3. 研究现状

发现含有二氢菲类化合物衍生物，认为具有较高的药用价值；有报道利用改良法可成功提取绶草基因组 DNA。但由于植株矮小且数量稀少，目前难开展进一步的研究。

4. 2012—2016 年与 1978 年植物分布区域比较

　　1978 年调查发现，绶草在邢台、内丘、涞源、易县、蔚县、张家口、丰宁、兴隆、遵化、北戴河等 10 个县区有分布。2012—2016 年调查发现，绶草主要分布在赞皇、涞源、沽源、宽城等 4 个县区，与 1978 年相比，分布区域有所变化且明显减小。在分布区内，绶草多在山地阳坡草丛中零星存在。

1978年调查中绶草分布区域　　　　　2012—2016年调查中绶草分布区域

5. 受威胁状况

　　已被列入《中国国家重点保护野生植物名录（第二批）讨论稿》及《河北省重点保护野生植物名录》。

　　此次调查中，成熟植株数量少于 50 株，分布点 ≤ 5。

建议受威胁状态评价为：极危。

　　建议设立保护区，进行人工繁育，恢复野外种群数量，同时推广仿生种植。

参考文献

安沫平. 2007. 河北农区野生植物资源图谱［M］. 北京：中国农业出版社.

杜怡斌. 2000. 河北野生资源植物志［M］. 保定：河北大学出版社.

河北植物志编辑委员会. 1986. 河北植物志［M］. 石家庄：河北科学技术出版社.

覃海宁，赵莉娜，于胜祥，等. 2015. 中国被子植物濒危等级的评估［J］. 生物多样性，25（7）：
745‑757.

吴跃峰，赵建成，程俊. 2006. 河北茅荆坝自然保护区科学考察与生物多样性研究［M］. 北京：科学
出版社.

吴跃峰，赵建成，刘宝忠. 2007. 河北辽河源自然保护区科学考察与生物多样性研究［M］. 北京：科
学出版社.

中国植物志编辑委员会. 2004. 中国植物志［M］. 北京：科学出版社.

赵建成，吴跃峰，刘宝忠. 2007. 河北辽河源自然保护区生物多样性及其保护［M］. 北京：科学出版社.

张志翔，等. 2018. 京津冀地区保护植物图谱［M］. 北京：中国林业出版社.